Too Soon Old Too Late Smart
Thirty True Things You Need to Know Now

困顿与超越

心理学家的逆境人生与智慧指引

〔美〕戈登·利文斯顿◎著　成佳奇◎译

华夏出版社
HUAXIA PUBLISHING HOUSE

This edition published by arrangement with Da Capo Press, an imprint of Perseus Books, LLC, a subsidiary of Hachette Book Group, Inc., New York, New York, USA. All rights reserved.

版权所有，翻印必究。
北京市版权局著作权合同登记号：图字 01-2023-1703 号

图书在版编目（CIP）数据

困顿与超越：心理学家的逆境人生与智慧指引 /（美）戈登·利文斯顿 (Gordon Livingston) 著；成佳奇译 . -- 北京：华夏出版社有限公司，2024.8

书名原文：Too Soon Old, Too Late Smart: Thirty True Things You Need to Know Now

ISBN 978-7-5222-0718-6

Ⅰ . ①困… Ⅱ . ①戈… ②成… Ⅲ . ①人生哲学—通俗读物 Ⅳ . ① B821-49

中国国家版本馆 CIP 数据核字（2024）第 105542 号

困顿与超越：心理学家的逆境人生与智慧指引

作　　者	［美］戈登·利文斯顿
译　　者	成佳奇
责任编辑	赵　楠

出版发行	华夏出版社有限公司
经　　销	新华书店
印　　装	三河市万龙印装有限公司
版　　次	2024 年 8 月北京第 1 版　　2024 年 8 月北京第 1 次印刷
开　　本	880×1230　1/32 开
印　　张	7.75
字　　数	100 千字
定　　价	59.00 元

华夏出版社有限公司　网址：www.hxph.com.cn　电话：（010）64663331（转）
地址：北京市东直门外香河园北里 4 号　邮编：100028
若发现本版图书有印装质量问题，请与我社营销中心联系调换。

致我的病人

他们教会了我书中的大部分内容

还有克莱尔

她义无反顾地选择爱我

Contents
目 录

- 序 · 001
- 1 如果地图与实地不一致，那肯定是地图错了 · 001
- 2 人如其行 · 007
- 3 很难用逻辑去改变根深蒂固的观念 · 015
- 4 我们童年创伤的诉讼时效多已过期 · 023
- 5 每段关系都掌握在更不在乎的人手上 · 031
- 6 行为改变感受 · 035
- 7 再勇敢点，自助者天助 · 045
- 8 放弃完美才能掌控一切 · 051
- 9 "为什么"和"为什么不"，关键在于知道该问哪一个 · 055
- 10 最大的优点就是最大的弱点 · 063

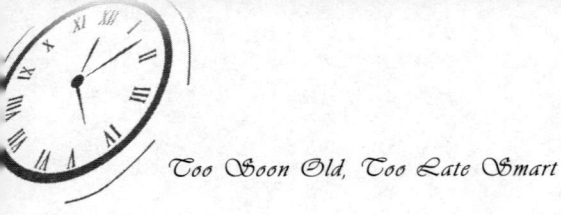

Too Soon Old, Too Late Smart

11 · 最安全的监狱是我们为自己建造的 · 069

12 · 老年人的问题往往很严重，且无趣 · 077

13 · 幸福是最大的风险 · 085

14 · 真爱是伊甸园的苹果 · 095

15 · 坏事来得快 · 101

16 · 彷徨的人并不一定迷路 · 109

17 · 单相思，痛苦且不浪漫 · 113

18 · 最常见且毫无意义的就是做同样的事情却期待不同的结果 · 117

19 · 逃避真理是徒劳的 · 125

20 · 欺骗自己是个坏主意 · 133

21 · 完美的，从来都只有陌生人 · 139

目 录

- 22 · 爱永不消逝，即使是死亡 · 145
- 23 · 没人喜欢被说教 · 151
- 24 · 疾病的最大好处是免于负责 · 159
- 25 · 我们害怕错误的东西 · 165
- 26 · 父母塑造孩子行为的能力有限，除非是更坏的行为 · 175
- 27 · 已经失去的才是真正的天堂 · 185
- 28 · 笑得出来是勇气的最高境界 · 195
- 29 · 选择多多，快乐多多 · 203
- 30 · 原谅是一种放手，但它们不是一回事 · 209

- 译后记 · 217

- 戈登·利文斯顿的智慧指引 · 223

序

在过去的八年里,戈登·利文斯顿一直是我生命中最重要的人之一,虽然我只见过他一次。我们都上了年纪,但都受益于年轻人的交流模式:我们是一个丧子父母在线社群的网友。当我的孩子去世时,他和其他几个人给了我最需要的安慰。他们真正地理解我们正在坠入的深渊,并试图抓住或阻止些什么。

在那时候,戈登的雄辩带来的意义是无法用语言来描述的。戈登曾经历两次跌入人生谷底,这是一个残酷的事实,即使是我们这些正在经历的人也无法真正理解。我很幸运能够得到戈登·利文斯顿的帮助,感受他不带歉意的直言不讳和慈悲的拥抱。尽管他的

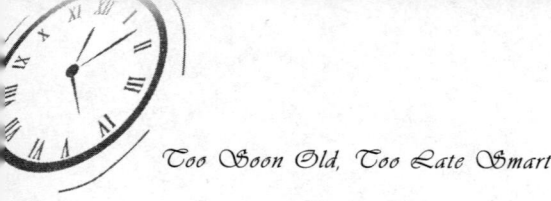

话很可靠,但戈登并没有说教或评判,他照亮了我的身处之境,让我更好地看到自己和周围的世界,然后他拿起那盏灯,让我看到重获丰盈人生的希望。

多年来,我从戈登身上学到的是,不管我们是坠入了共同的深渊,还是身处像《爱丽丝梦游仙境》中"我太小了,我太大了,没有什么是它应该的样子"类似的境况,都并不重要,戈登表达了一种超越他非凡生活的智慧。在过去的八年里,我有幸将这本书带在身旁,书中的文章让每一位读者都能看到窗外的风景。当需要深思熟虑时,我们都可以翻翻这本书。他很清楚,生活自有它的方式,我们希望做到的就是让自己在坎坷的道路上不偏航。他曾给我写信说:"我很清楚我的感受和我的希望。"这是经典的戈登式的轻描淡写。他似乎知道你我的感受和希望,也知道哪些感受是真实的,哪些希望是可以实现的。戈登曾是一名飞行员,他说:"我希望当空速指示器达到 60

时，我可以拉起操纵杆，让这东西飞起来。我对这里面的物理原理早已烂熟于心。伯努利①蒙对了，但这仍然像个奇迹。"这句话是真的，因为尽管历尽坎坷，戈登还是设法保留了他的天真无邪。

读他的随笔时，我想起了一部关于提升自我的电视剧的预告片："你的朋友不会告诉你……但我们不是你的朋友，所以我们会。"好吧，也许这才是真正的朋友应该做的：说出我们需要知道的硬道理，那些能让我们变得更强大、更美好、更慷慨、更勇敢、更善良的话。戈登的话并不总是那么令人舒服，他会把你从安乐椅上推下来，打消你本想坐在椅子上看电视躺平的念头——这当然是为了你好。他在警告我们能掌控的事情十分有限的同时，也提醒我们永远有其他选择。

---

① 丹尼尔·伯努利（Daniel Bernoulli），瑞士数学家、物理学家，他于1738年提出，在一个流体系统如气流、水流中，流速越快，流体产生的压强就越小。这个发现被称为伯努利定理，是飞机起飞的主要原理之一。

Too Soon Old, Too Late Smart

就像一位睿智的家长，他用温柔的手把我们推向正确的方向。

戈登和我来自不同的世界，我们对许多事情有不同的看法。即使我们意见不一致，就像我们在某些事情上——甚至书中所涉及的一些问题——表现出的那样，我也很欣赏他如此中肯地表达了他的观点，而不会带有当代对话中普遍存在的敌意和不礼貌。令我懊恼的是，当我们意见不一致时，他总能为自己的观点提出最好的论据。

我非常高兴能有机会为本书作序，把戈登·利文斯顿介绍给那些还不知道他风采的人。最重要的是，我很感激有机会向戈登重复他儿子卢卡斯的话，因为戈登捐献的骨髓没能带来医学奇迹，卢卡斯六岁时就只能等待死亡的降临。

"我喜欢你的声音。"

伊丽莎白·爱德华兹

序

伊丽莎白·爱德华兹是一名热情的儿童权益倡导者,也是一名卓有成就的律师,她积极参与各种社区和慈善活动,包括美国出生缺陷基金会、北卡罗来纳大学访客委员会、儿童图书和韦德·爱德华兹基金会。她嫁给了约翰·爱德华兹(John Edwards),他们有四个令其骄傲的子女:1996年去世的韦德(Wade)、凯特(Cate)、艾玛·克莱尔(Emma Claire)和杰克(Jack)。

1. 如果地图与实地不一致，那肯定是地图错了

很久以前，我是美国82空降师的一名年轻中尉，试图在北卡罗来纳的布拉格堡解决一个战地问题。当我站在那里研究地图时，我们排的中士走了过来，他是一位经验丰富的下级军官。

"中尉，你知道我们在哪儿吗？"他问。

"嗯，地图上说那边应该有座小山，但我没看

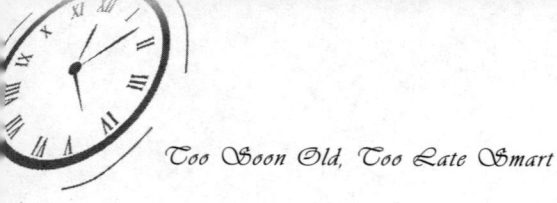

见。"我回答说。

"先生,"他说,"如果地图和实际地面情况不一致,那肯定是地图错了。"

我当时就意识到,刚刚我听到了一个深刻的真理。

多年来,我一直在聆听人们的故事,尤其是那些错误频出的各种情况。我了解到,在人生之路上,我们一直努力让头脑中的地图与生活中的实际道路保持一致。在理想情况下,这一过程伴随着我们的成长。父母通过以身作则,把他们学到的东西教给我们。不幸的是,我们很少能记住这些教训。通常,父母的现实生活告诉我们,他们教不了我们什么,所以我们学到的很多东西都是从自己不断地痛苦尝试和错误中得来的。

拿选择配偶和与其维持关系这件事来说,我们大多数人都需要指导。离婚率过半这一事实表明,我们总体上并不擅长于此。当审视父母之间的关系时，我们通常会感到焦虑。我发现很少有人会对自己原生家庭的现状感到满意，即使他们父母的婚姻已经维持了几十年。更常见的情况是，虽然父母仍在一起，但子女说他们就是在搭伙过日子。这种生活在经济上有意义，但缺乏任何可以描述为令人兴奋或情感满足的东西。

预测一个人五年后会是什么样子（以及我们会有多喜欢他）是不可能的，更不用说五十年了，我们必须接受社会正在形成一种新的配偶制，即连续性单配偶生活。人会随着时间的推移而改变，年轻时希望爱情海枯石烂真是天真幼稚。问题在于，这种新的配偶制并不是一种很好的育儿模式，因为它无法提供孩子们构建自我世界的地图所需要的稳定性和安全感。

那么，我们究竟需要知道些什么，才能判断一个人是否适合与其白头偕老呢？也许可以从更多地了解

哪些人明显不适合开始。为了做出这样的判断，人们需要了解一些性格方面的知识。

我们习惯于用最肤浅的方式去思考性格。"他挺有个性的"通常是对某人富有吸引力或令人感兴趣的评价。事实上，个性的正式定义包括我们习惯性的思维方式、感觉方式以及与他人相处的方式。很多人都明白，人们在某些特征上是不同的，比如内向、喜欢细节、容忍无聊、乐于助人、坚定不移以及其他个人品质。然而，大多数人没有意识到我们所看重的品质——善良、宽容、承诺能力——并不是随机分布的。它们以"特质"的形式集体呈现，随着时间的推移，这些特质是可识别的，并且相当稳定。

同样，性格中那些不可取的特质——冲动、自以为是、容易发怒——往往很容易辨识。我们发展和维持人际关系的困难很大程度上在于我们没有意识到自己或他人的这些性格特征。

1. 如果地图与实地不一致，那肯定是地图错了

精神病学专家不厌其烦地对人格障碍进行分类。我常想，诊断手册的这一部分应该命名为"要避开的人"。这里包含了许多标签：装腔作势的、自恋的、依赖的、边缘的，等等，构成了令人讨厌的人的形象：猜忌多疑、自私自利、反复无常、贪得无厌。这些都是妈妈警告过你要提防的人。（不幸的是，有时候这就是你妈妈本人。）它们很少像诊断手册中所提到的那样一成不变地出现，但了解一些如何识别它们的知识会避免很多心碎事件。

我认为出版一本关于美德品质的手册也很重要，它用于描述我们应该在自己身上培养的品质，以及在朋友和爱人身上寻找的品质。排在第一位的应该是善良，愿意为他人奉献自己。这一最令人向往的美德影响着所有其他的美德，包括同理心和爱的能力。就像其他形式的艺术一样，我们可能很难定义它，但当它出现时，我们能感受到它。

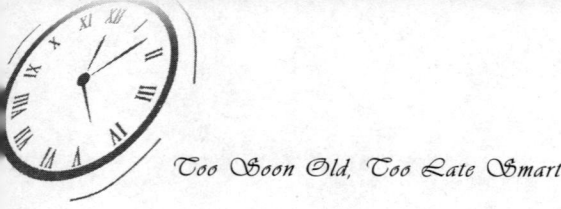

这就是我们希望在脑海中构建的地图——一个可靠的指南,帮助我们避开那些不值得我们花时间去信任的人,去拥抱那些值得的人。悲伤、愤怒、背叛、意外和迷失方向的感觉最能说明地图确有缺陷。当这些感觉浮上心头时,我们就需要思考如何去纠正,使我们不会陷入那些浪费时间的重复模式中,而学到的教训则是我们痛苦经历中唯一的慰藉。

人如其行

经常有人来找我开药。他们厌倦了自己悲伤的情绪,疲惫不堪,对以前曾给他们带来快乐的事情失去了兴趣。他们失眠或嗜睡,食欲不振或暴饮暴食;他们易怒、记忆力减退;他们常常希望自己已经死了;他们很难记住什么是幸福快乐。

我聆听他们的故事。当然,每个人的故事都不一

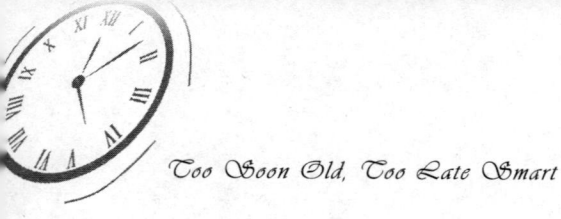

样,但也有一些反复出现的主题:他们的家人也过着同样沮丧的生活。他们发现自己现在所处的关系要么充满了冲突,要么是"低温"的,缺乏激情和亲密。他们的日子平淡无奇:工作不顺、缺乏朋友、无聊透顶。他们觉得自己与人类享有的快乐无缘。

我是这样告诉他们的:好消息是,我们对抑郁症有有效的治疗方法;坏消息是,药物治疗不会让你快乐。幸福并不是简单的不绝望,它是一种积极的状态——我们的生活既有意义又有乐趣。

所以单靠药物治疗是远远不够的,人们还需要用变化的眼光来看待自己的生活方式。我们总是在谈论我们想要什么,我们的意图是什么。这些都是梦想和愿望,对于改变我们的情绪没有什么价值。我们所想的、所说的或所感受的并不是我们的全部。**我们的行为才是我们的真实呈现——人如其行**。相反,在评价别人时,我们需要注意的不是他们的承诺,而是他们

2. 人如其行

的行为。这个简单的道理可以减少很多人际关系中的痛苦和误解。"说得很多,做得很少"。我们被淹没在言语中,其中许多是我们对自己或他人说的谎言。在我们更关注语言而不是行为时,我们曾经多少次因他人的言行不一感到背叛和震惊。生活中的大多数心碎事件,都是因为我们忽视了这样一个现实:**过去的行为是未来行为最可靠的风向标。**

伍迪·艾伦①有句名言:"开始行动就成功了80%。"我们通过无数细微的方式不断展现着勇气,包括履行我们的义务,以及勇敢地尝试那些可能改善我们生活的新事物。有许多人害怕冒险,喜欢乏味的、可预测的和重复的事情。这就解释了我们这个时代的一个决定性特征——压倒性的无聊感。人们疯狂地试图克服这种无聊感,主要表现为对娱乐和刺激的渴望,但最终却毫无意义。这就是"为什么"这

---

① 伍迪·艾伦(Woody Allen),美国著名导演、编剧、演员。

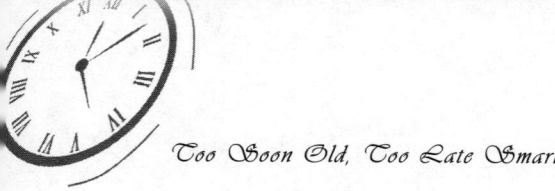

个问题的答案对我们来说是最沉重的。我们为什么在这里？我们为什么要选择自己的生活？何苦呢？令人绝望的答案就写在一张流行的汽车贴纸上："无所谓。"

一般来说，我们得到的，不是我们应得的，而是我们期望的。如果你问一个成功的棒球击球手，当他踏上本垒板时会发生什么。你会听到这样的话："我要一击中的！"如果你指出，即便是棒球比赛中最好的击球手，三次击球中也会有两次出局，那么任何优秀的球员都会说："是的，但那也是属于我的时刻。"

幸福的三要素是：有事可做，有人可爱，有所期待。如果我们有有意义的工作、有稳定的人际关系、有快乐的承诺，就很难不快乐。我用"工作"这个词来概括那些给我们带来个人意义感的活动，包括有报酬的和无报酬的。如果我们的业余爱好可以为我们的

2. 人如其行

生活带来意义，那它就是我们的工作。人们可以在平淡无奇的高尔夫球场或桥牌桌上找到乐趣和意义，这是对人类生活多样性的赞颂。试想一下，如果我们都想要去做同样的事，那么交通就瘫痪了。

很多人都很难给"爱"下定义。因为这种感觉本身的基础是神秘的（为什么我爱这个人而不是另一个人？），所以人们认为语言不能完全表达对另一个人的爱。那么，下面这个定义如何呢？**当他的需求和欲望的重要性达到或超过我们自己的时，我们就爱上了他。**当然，在最好的情况下，我们对他人福祉的关心会超过我们对自己需求的关心，或者二者变得难以区分。我用一个很实际的问题来帮助人们确定他们是否真的爱一个人："你会为这个人挡子弹吗？"这似乎是一个极端的标准，因为我们中很少有人被要求去面对这样的牺牲，也没有人能肯定地说出当自我保护的本能与对他人的爱相悖时我们会做出什么。但只要想

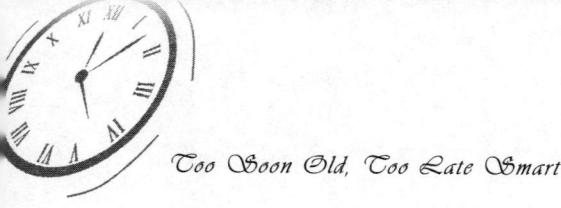

Too Soon Old, Too Late Smart

象一下这种情况,就能弄清我们爱的本质。

我们会考虑牺牲自己去拯救的人是非常有限的:对于我们的孩子,我们的回答是肯定的;对于我们的配偶或爱人,我们的回答是"也许"。但是,如果不思考这些,我们又怎么能认为自己爱他们呢?通常来说,从我们的日常表现中很容易看出我们对他人爱或不爱,特别是在我们愿意为其付出的时间和精力上。

关键在于,爱是通过行为表现出来的。我再次强调,**我们是什么样的人、关心谁以及关心什么,不是取决于我们的承诺,而是要看我们的行动。**我不断地将人们的注意力引向这一点。我们是会说话的物种,非常喜欢用语言去解释——甚至欺骗。当然,最糟糕的欺骗是我们对自己的欺骗。我们选择相信的是与我们的深层需求密切相关的东西,例如,我们内心都怀有完美的爱的梦想,只有好妈妈才能给予的那种无条件的爱。这种渴求使我们容易陷入最糟糕的自我欺骗

2. 人如其行

和幻灭中，沉溺于这样一种希望：我们终会找到那个永远爱我们的人。

因此，当有人声称要这样做并说出我们渴望听到的话时，我们会忽视其与语言不一致的行为也就不足为奇了。当听到有人说，"他做了一些不体贴的事情，但我知道他爱我"，我通常会问：**"我们是否会故意伤害所爱的人？我们会对自己做这样的事吗？我们能爱那辆碾过我们的卡车吗？"**

真爱要求我们做的另一件事是有勇气在另一个人面前展现自己的脆弱，其中的风险是显而易见的。谁没有因为错误地相信他人而心碎过呢？这样的伤口左右了许多愤世嫉俗者对爱的看法，致使我们的亲密关系变成了竞争游戏，并使我们无法相互信任。

人们常常在孤独和自我欺骗这两个极端之间徘徊。两者之间的某处是我们获得幸福的最佳地点。最后，我们付出多少，就会收获多少。这就是为什么

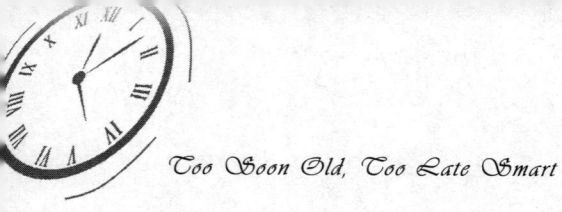

Too Soon Old, Too Late Smart

"我们都会得到自己应得的伴侣"这句格言是正确的关键所在,也解释了为什么**我们对别人的不满往往都会反映我们自己的缺点。**

3. 很难用逻辑去改变根深蒂固的观念

根据我的经验，治疗师浪费了很多时间在试图说服人们放弃那些毫无意义的、适应不良的、看起来"不合逻辑的"行为上。例如，一个男人下班回到家，从他嘴里说出来的第一句话就是："怎么这么乱。"他的孩子们在四处乱跑，而他的妻子也很生气，她下班后还从幼儿园把孩子们接回了家。他们的夜晚开了个

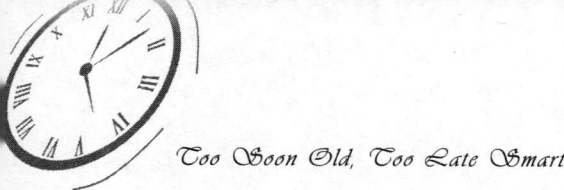

坏头。听了这个故事，治疗师指出，**在漫长的一天结束后批评一个疲惫的妻子，这是一个可以预见的坏主意**。所有人都认同这是一个正确的观点，但行为并不会改变，或者批评只是转移到了另一个问题上。这两个人仍然对对方不满意，他们之间的冲突持续存在。

这到底是怎么回事呢？为什么人们就是不明白**批评会招致愤怒和不快**呢？当然，这个问题没有唯一的答案，但用理智来面对那些根深蒂固的、习惯性的感觉和态度很少奏效。我们所做的事情、所持有的偏见，以及折磨我们生活的反复冲突，很少是理性思考的产物。**事实上，我们在这个世界上的运行方式大多是自动驾驶，今天继续做着昨天就行不通的事情**。有人会认为，学习或成熟的过程会使我们改变自己的行为，来应对不愉快的后果。任何看过普通高尔夫球手打球的人都知道这种观点实在站不住脚。

事实上，有时我们似乎被困在了无效的生活模式

3. 很难用逻辑去改变根深蒂固的观念

中,我们正在践行那句古老的军事格言:**如果不行,那就加倍**。我们大部分行为背后的动机和习惯模式都不怎么合乎逻辑,更多的时候我们是被稀里糊涂的冲动、先入为主的感觉和情绪所驱使的。

在上面的例子中,回家的男人由于工作上的不如意或者堵车时间过长引发了不满情绪。他渴望对自己的生活有所掌控,但事实证明,生活变幻莫测。他带着回到避风港的希望走进自己的家,但面对的只是更多的义务和混乱。这不是他想象中的生活。那么,谁该为此负责呢?

如果我们的大部分行为都是由我们的感觉驱动的,无论这种感觉多么模糊,那么**为了改变我们自己,我们就必须识别我们的情感需求,并找到满足这些需求的方法,而不是去冒犯那些能让我们幸福的人**。如果我们像大多数人一样,希望别人以仁慈和宽容的态度对待我们,那么我们就需要**先**在自己身上培养这

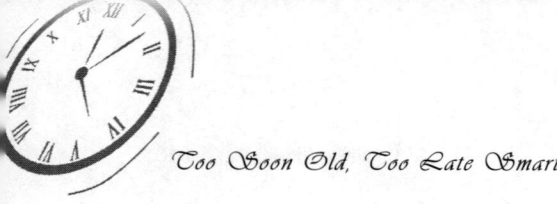

些品质。每当我与发生冲突的夫妻交谈时，我都会发现他们的愿望是如此相似：被尊重、被倾听，感觉到自己是对方生活的中心。在任何一段两性关系中，我们还能有什么奢求呢？这其实就是人们所说的**爱**。

"一个人必须付出才能得到""耕耘才有收获"，这些都是老生常谈。但是还有什么比它们更实在的呢？而我们又为什么这么难做到呢？就像大多数关于我们为什么这样做的回答一样，一切在于我们过去的经验。

作为孩子，我们有权得到父母无条件的爱。但与我交谈过的人中，很少有人觉得自己得到了父母的爱。相反，他们中大多数人的童年记忆都充斥着一种不言而喻的义务"让我的父母为我骄傲"——考上好学校，不惹麻烦，有一个好的婚姻，然后生儿育女。父母通过各种方式向孩子灌输责任和义务。由于接受了父母的养育，孩子显然欠下了一笔债，只有通过满足父母的期望才能偿还。

为人父母也会有很多负担。从分娩的痛苦开始，到孩子婴儿时期的睡眠不足，之后是带孩子参加各种学校活动和课外辅导，还要面对孩子进入青春期后的叛逆压力，最后到大学的花费——父母在养育孩子的每个阶段都有抱怨的理由，他们认为孩子们因此也应该承担对等的义务，这难道有什么好奇怪的吗？

"我欠父母什么？"这个问题，经常会困扰着人们的生活，直到他们成年，有时甚至贯穿他们整个成年期。**事实上，我们的孩子不欠我们什么**。把他们带到这个世界上来，是我们的决定。如果我们爱他们，那么满足他们的需要就是我们作为父母的责任，而不是什么无私的行为。我们从一开始就知道，抚养他们是我们的义务，仅仅是为了让他们能够长大成人，并非使他们怀着无休止的感激之情或负有永久的债务。

运转良好的家庭善于让他们的孩子远走高飞，运

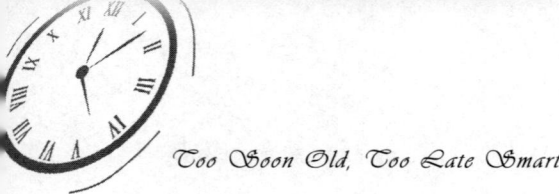

转不良的家庭则往往会留住孩子。我遇到过后者这样的家庭，这些孩子通常是不快乐的，直到他们成年。我有一种感觉：同样的冲突和分离焦虑正在被一遍又一遍地重复，但从未得到解决。这里的共同幻想似乎是"我们将继续这样做，直到把它做好"。但有时候，它永远不会发生。我知道有些家庭中的二三十岁的年轻人，他们的父母晚上会等到"孩子"回家才睡觉。在这里，关于家务和吃饭时间的争吵反映出他们对过去的渴望和对未来独立的恐惧。这个家庭有一种不愿改变现状的共同承诺。年轻人用自立的机会来换取一种熟悉的、孩子般生活的安全感，这种安全感可以使他们的父母放心，并不需要放弃自己赖以生存的责任。

在这些家庭中，角色是熟悉的、明确的。人们会有一种感觉，就像在看一出精心排练的好戏，剧中的每个演员都如此投入，以至于任何停止演出、继续前

3. 很难用逻辑去改变根深蒂固的观念

进的想法都会引发焦虑。

最后,当人们努力通过逻辑的思考方式来克服不良行为时,往往会遇到这样一个事实:**某些无知是不可战胜的**。人对事物的运作方式是如此固于己见,以至于忽视了所有表明改变势在必行的证据。

4. 我们童年创伤的诉讼时效多已过期

生活的故事远不是固定不变的,而是在不断地被修正。当我们试图向自己和他人解释我们是如何成为现在这样的人时,因果关系的线索便被重新编织和重新解释。当聆听这些儿时故事时,我对人们将儿时的经历与今天的自己联系起来的方式感触颇深。

我们对自己的成长有什么亏欠呢?当然,我们都

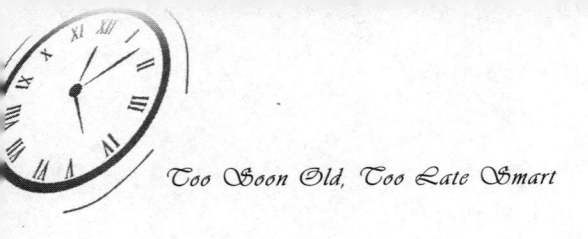

被它们所塑造，如果我们想避免重复地困在一场由我们自己创作的长篇戏剧中，就必须从中学习。这就是为什么在心理治疗的初始阶段，不加批判地倾听病人的故事是如此重要。这些记忆不仅包含了事件本身，还包含了它们对当事人的特殊意义。由于这个故事是由一个焦虑、沮丧或对自己的存在不甚满意的人讲述的，所以人们很可能会从中听到一些委屈和创伤，这在某种程度上与他们当前的不幸遭遇有关。

每个成年的美国人都充分地接触过流行心理学，所以他们倾向于把过去的困难与现在的症状联系起来。因为接受我们所做的事情和为其承担责任是一种意志行为，所以责怪过去就变得很自然，尤其是责怪父母没有做得更好。

如果曾经有过严重的身体、性或心理创伤，那么承认和处理这些创伤尤为重要。很少有孩子能毫发无损地逃离父母的虐待或忽视。重要的是以共情的态度、以学习的方式来进行这种检视，但是要拒绝这种假设——最可怕的经历会永远限制我们的生活。

变化是生命的本质，它是所有心理治疗对话的核心。为了使治疗过程得以继续，它就不能仅仅是简单的抱怨。经常有人问我，为什么我听病人没完没了地抱怨自己的生活却不感到厌烦呢？答案是，抱怨自己的感受，或者抱怨重复的行为会产生熟悉而不愉快的结果，这只是一个过程的开始。我最喜欢的治疗问题是："接下来呢？"（我非常巧妙地设置了我的电脑屏幕保护，病人可以看到上面滚动着这句话。）

这个问题既暗示着改变的意愿，也暗示着这样做的力量。它绕过了过去创伤中的自怨自艾，并开始认识到用以目标为导向的对话、洞察力和治疗关系来改变行为的重要性。

在治疗方面，我不会给出太多直接的建议，这并不是因为我谦虚，也不是把它当作让病人自己想出解

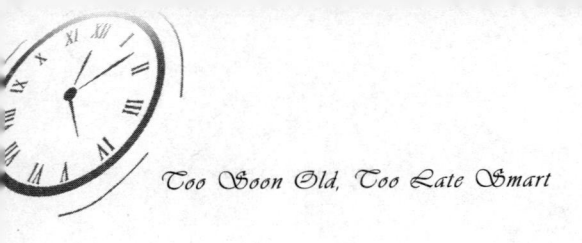

决办法的"把戏",而是因为大多数时候我也不清楚人们需要做什么才能让自己变得更好。但我能够在他们解决问题的时候陪着他们。我的工作是让他们完成任务,指出我看到的在过去和现在之间存在的联系,对潜在的动机进行分析,并肯定他们有能力解决自己生活中的问题。

有一种常见的训练是这样的:人们来接受治疗时,经常期待我能给他们提供明确的指导,告诉他们需要做什么。毕竟,我们去看医生不就是为了解决问题吗?我们被训练得总是期待快速解决问题。你难受吗?用这个药就行。而另一种方式是我们必须坐下来谈论我们面临的问题和我们做过的失败尝试。这种想法意味着一个缓慢而笨拙的过程,其核心是一个令人不安的假设:**我们要对发生在我们身上的大部分事情负责。**

这里是治疗师必须走的一条窄路。我们所有人都

4. 我们童年创伤的诉讼时效多已过期

经历过一些我们别无选择的事情和失败。这些事情包括我们出生的家庭，我们小时候被对待的方式，我们亲人的死亡或离异。我们很容易证明我们曾受到无法控制的事件和人的负面影响。

治疗师将谈话重新导向未来，去选择尝试，可能会被患者认为是不公平和武断的。这就是治疗中最重要的地方：必须让病人相信治疗师是站在他这一边的。

恰当的治疗包括忏悔、再教育和经验指导。对于所有寻求帮助的人来说，完美的治疗师都是不存在的。每个人都有各自的需求，这决定他们与特定的治疗师能否"很好地契合"。此外，治疗师还会把自己的生活经验、偏见和改变的哲学带到这个过程中。这种联系的尝试往往是徒劳的，有时甚至是有害的。就像任何其他人际关系一样，它往往很难定义或预测什么是行之有效的。

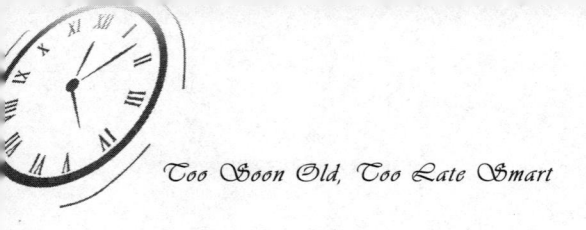

好的治疗师的品质折射出好的父母的品质：耐心、同理、富有情感，以及不加评判地倾听的能力。也就是说，就像父母对不同的孩子有不同的反馈一样，治疗师对某些病人也会这样做。我们所有人都不愿承认的一点是，我们往往会对和自己相似的人更有帮助。这种很少被承认的偏见在逻辑上是有道理的。如果我们被丢在外国，没有人会成为优秀的治疗师，即使我们会说当地的语言。文化习俗和期望之间的微妙关系很难被人捕捉。因此，在我们的社会中，人们过着非常不同的生活，例如不同的种族或社会地位。认为我们中的任何一个人都能与所有人打成一片，当然，这种观点过于自负了。

当有人第一次来找我寻求帮助、当我开始了解他时，我都会问自己一件事——我是否喜欢或者将会喜欢上这个人。如果我发现自己对病人的故事感到厌烦或被冒犯了，那么我知道是时候委婉地把他转介给其他治疗师了。例如，我发现病人有一种习得性无助，如果问题看起来很棘手，我就很难与之合作。如果我发现大部分时候只是我在提供正能量和乐观的情绪，或者我对其改变失去了希望，那么就是时候停止了。如果我的来访者太像我自己的父母、和我有过冲突的人，或青春期拒绝我的女孩，我就会知道我的处境很危险。

最后，如果与我谈话的人似乎执意沉溺于过去，不愿思考更美好的未来，我就会变得不耐烦。**只提供同情是错位的善意，即使这种同情明显是合理的。我真正在推销的是希望**。如果经过长时间的努力还是不能说服别人下单，那么继续推销下去就是在浪费双方的时间。

5.
每段关系
都掌握在更不在乎的人手上

需要我介入的婚姻关系都是苟延残喘的,它们更像是权力的斗争。事实上,大多数婚姻似乎从一开始就是如此。夫妻双方争论的话题大部分都围绕着金钱、孩子、性,但潜在的原因通常是自尊心的削弱和期望的不满足。

我们在寻找伴侣时主要考虑的是浪漫的爱情,爱

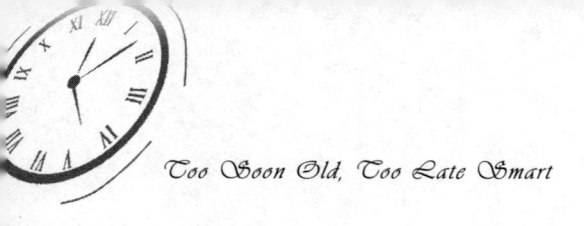

情故事告诉我们，美好的期望（或共同的幻想）是获得幸福的基础。人们的择偶标准是性吸引力和利己主义的有力结合，并根据一系列的品质和成就来评价对方：教育、"钞能力"、共同的兴趣、可信度和三观。人们基于这些标准对未来伴侣的样子形成特定的期望。随着时间的推移，正是这些期望的落空导致了夫妻关系的破裂。

如果这种表述显得过于具有分析性，忽略了"坠入爱河"的神秘过程，那是因为在我的经验中，导致我们选择爱人的"化学反应"可以看作是一种准备、欲望和希望的结合，而不是两个灵魂之间无法言表但强有力的结合。如果有更多的证据表明它会随着时间的推移而持续存在，那么，我将更愿意相信后者。

在现代婚姻中，最不吉利但也最能说明问题的是婚前协议越来越受欢迎。婚前协议曾经是富豪家庭的专利，现在在那些有点积蓄却不愿与伴侣分享的人中

5. 每段关系都掌握在更不在乎的人手上

变得越来越普遍。

保护婚前财产的理由,表面上听起来非常有道理。通常双方都有子女,他们希望将遗产留给自己的亲生子女。大多数人已经经历过离婚,在经济上和情感上都付出过高昂的代价,并且统计数据表明,第二次(或第三次)婚姻的失败率比第一次的更高。

然而,看到一对夫妇即将像购买二手车似的结合并开始新的生活是令人沮丧的。我们与不信任的人签订合同,这份合同能保护我们自己的利益。要求我们所谓的爱人签署这样的协议,反映了我们对这段关系持极度悲观和怀疑的看法,相当于预测失败,就像大多数的预测一样,它往往一语成谶。

在这一点上,法律一直在修改变化,以至于"不可调和的分歧"和"无过错离婚"已经成为更流行的离婚理由。然而,在寻找分手理由的过程中夫妻常常相互指责,在这种气氛里,双方都试图占据道德制高点,而这往往让孩子非常痛苦。

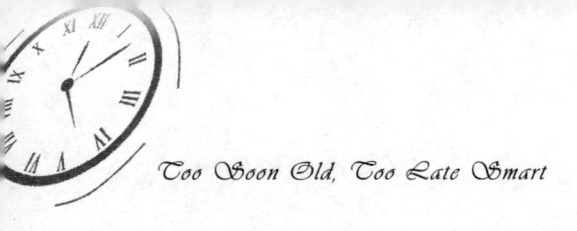

当婚姻关系渐行渐远，夫妻彼此之间的关系也很难平衡。通常，一方感受到和表达出的关爱和尊重会比另一方少，这似乎是想要掌控婚姻关系。这种努力在一方更想和解，并且对结束婚姻的结果感到更不安时是奏效的。当我向人们指出，他们所感受到的大部分痛苦并没有被他们的伴侣所分担，而这正是他们感觉"失控"的根源时，他们通常很快就会意识到自己的困境。**虽然建立一段关系需要两个人的共同努力，但结束一段关系却只需要一个人。**

当我读到结婚公告、看到新婚夫妇微笑的照片时，我知道没有人会对他们说："你们这段婚姻维持下去的概率是五五开，是什么让你认为你一定会成功呢？"这样的问题对于满眼都是爱的人来说是不可想象的，所以没人会问。失望和背叛可能会一直存在。人们鼓励极度乐观、勇敢或愚蠢的行为（因人而异），以便去追求充满希望的幸福之旅，而未来之神保持缄默。

6. 行为改变感受

当人们向治疗师寻求帮助时,他们是在寻求改变自己的感受。无论他们是在抑郁带来的无处不在的悲伤中挣扎,还是在焦虑造成的令人衰弱的约束中沉沦,他们都想要解脱,想要回归正常生活。不受欢迎的情绪正在干扰着他们重要的日常生活,使得他们无法在工作中尽职尽责,也无法与爱人快乐相处。他们

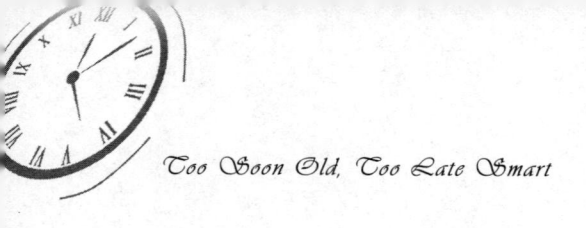

痛苦不堪，生活死气沉沉，脸上再无笑容。

　　大多数人都知道什么对他们有好处，知道什么会让他们感觉更好：运动锻炼、业余爱好、和他们在乎的人在一起。他们不去做这些事情，不是因为不了解这些事情的价值，而是因为他们不再有"动力"去做了。他们在等待自己感觉好一点，而这个过程往往会非常漫长。

　　尽管已很努力，但我们仍然**无法控制自己的感受或想法**。这些努力是令人沮丧的，因为我们若是与不想要的想法和情绪作斗争，其结果就是抱薪救火。幸运的是，生活告诉我们，某些行为会可预见地给我们带来快乐和满足。有了这些知识，我们就有机会打破无法作为以及无意义感所带来的僵局。当人们告诉我，他们感到无助和没有动力时，我便建议他们从床上爬起来，穿好衣服，然后开车来找我。如果他们能做到这一点，那么他们就有可能做出一些让自己感觉

6. 行为改变感受

好点儿的事。

如果他们说，让他们做那些不想做的事很困难，我也会认同这一点，并问他们，**"困难"**对他们来说**是否等同于"不可能"**。

下面我们探讨一下勇气和决心。人们很少把这种美德与心理治疗联系在一起。事实上，它们是我们生活方式发生实质性改变的必要条件。**要求人们勇敢，就是期望他们以一种新的方式看待自己的生活。**

但是任何改变都要求我们尝试新事物，随之而来的便是失败的风险。我经常问病人的另一个问题是："你为什么要救你自己？"我们努力共情和帮助那些患有焦虑症和抑郁症的人，并试图消除这些疾病的污名，我们已经把它们等同于需要药物治疗的身体疾病了。确实，目前的抗抑郁药已被证明非常有效。这种药物干预方式的缺点是，在这个社会中，**疾病成为一种减轻责任的借口**。病人被当作婴儿对待，有时被安

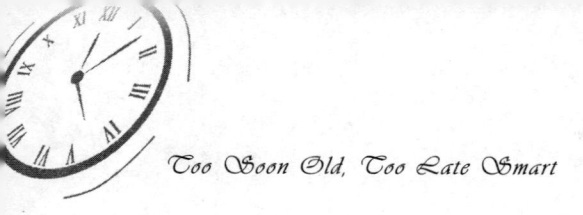

置在医院的病床上,被告知要放轻松,让他们的药物发挥作用。言下之意是,他们已经暂时(并非出于自己的过错)失去了对自己生活的控制,现在不得不接受被动的角色,在医学的帮助下给自己一个治愈的机会。在这个过程中,人们对他们的期望很少。不幸的是,这种方法可能会适得其反。

很容易看出我们是如何陷入这种困境的。事实上,很明显,许多情绪障碍确实有遗传性。比如,酗酒会在家族中遗传,并让我们的身体产生灾难性的变化,如果我们继续喝酒,就会致命。那么,它是否像广告牌上写的那样,是一种类似肺炎、糖尿病的疾病呢?如果是这样的话,我们指望那些酗酒的人有所改变是否公平?还是说他们在疾病面前根本就无能为力?

对酗酒和其他成瘾症的成功治疗已经证明,那些患有上述疾病的人有义务做一些事情,即拒绝饮酒或使用其他物质以控制他们的病情。达到这一目的的最有效方式是通过匿名戒酒协会或匿名麻醉品协会提供的团体支持,这些组织的核心信念是,每个瘾君子都有停止沉溺其中的责任,**不能逃避,不能合理化,也不能转嫁给他人。**

那些与酗酒者生活在一起的人经常受到这种疾病的影响。如果他们所爱的人身患疾病,坚持禁欲到底公平吗?对于患有其他情绪障碍的病人也是如此,例如因器质性病变而痛苦不堪的人产生了严重的情绪波动,这正是双相情感障碍的特征。那么,坚持让他们服用稳定情绪的药物是合理的吗?还是说我们必须接受对方这种不可避免的情绪异常?

那些患有人格障碍的人表现出适应不良和根深蒂固的行为模式,经常会冲动、不诚实或情绪不稳定,这该怎么办?这些症状也值得我们给出为那些真正无助的人保留的宽容吗?

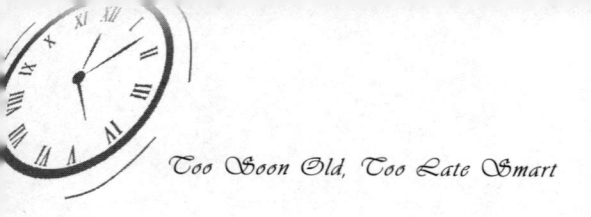

各种行为问题与生理疾病类似，也可以获得责任的解脱。奇怪的是，人们往往通过它们的首字母 MPD（Multiple Personality Disorder 多重人格障碍）、BPD（Borderline Personality Disorder 边缘性人格障碍）、ADD（Attention Deficit Disorder 注意力缺失症）等来认识它们。这方面的典型病症是多重人格障碍 MPD，现在，在不断变化的精神病学诊断领域，它被称为 DID，分离性身份识别障碍（Dissociative Identity Disorder，或称"伪装的魔鬼"）。这种情况在《三面夏娃》和《魔女嘉莉》等电影中很常见，其特征是存在两个或两个以上不同的人格，交替控制一个人的行为。值得庆幸的是，MPD 现在不像几年前那么流行了，但它仍然有追随者，尽管几乎可以肯定它是由治疗师在极易受影响的人群中诱导出来的。作为一种以减轻罪责为目的的法律辩护手段，MPD 被广为宣传，但通常被陪审团无视，因为他们的常识胜过

6. 行为改变感受

了那些被拉来支持它的"专家"。

当下更常见的诊断流行时尚是注意力缺失症（ADD）。做事无条理、爱做白日梦的拖延症患者现在有了医学上的解释和有效的治疗方法——兴奋剂。人们一致报告说，服用安非他命后，他们的精神更好，工作效率更高。对此，我只能说："我也是。"

问题在于，为了给真正的精神疾病（严重抑郁症、精神分裂症、双相情感障碍）去污名化，我们创造了过度诊断，这些诊断实际上只是对某些行为模式的描述。其中一些症状似乎对某种精神药物有反应，这恰好证实了我们认为它们是"疾病"的信念。例如，长期以来，人们观察到，遭受配偶虐待的妇女常常依赖他人，她们很难将自己与施虐者分开。我们给这种现象贴上"被家暴妻子综合征"的标签，以此暗示她们缺乏改变自身处境的能力，并以不同的责任标准来看待她们的选择。

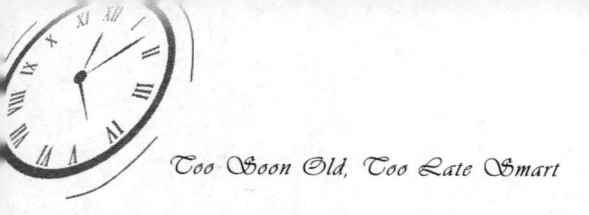

我们不难看出，这种假设中隐含着一种侮辱。它暗含着我们对儿童和残障人士的过度包容。的确，我们创造了一个整体系统，通过该系统，人们可以被政府认证为心理残疾，并有资格获得与那些被限制在轮椅上的人同样的福利。这对于那些真正患有精神疾病、与现实脱节，或无法控制情绪波动的人来说，是有意义的。而当应用于滥用食物、酒精或其他物质的人，或者那些仅仅需要依靠药物来控制焦虑的人时，"残疾"一词不仅免除了他们克服自身问题的责任，而且不可挽回地**损害**了他们作为自由人的自尊，以及那种能够与逆境斗争并克服困难的信心。

和其他形式的福利一样，补偿那些感到无助的人，不但证实并确保了这种情绪的持续存在，而且还会产生出一种强大的动机，使人放弃自己的自主权和胜任感。换句话说，这样的制度降低了求助者的自尊，构成了一种对依赖和无望的自我满足的肯定。你只需要一张医生的证明,以及等待一个庞大的官僚机构证明你是残疾人的耐心,就可以参与这个游戏。无须多言,律师可以让这个过程加快。

我们克服恐惧和沮丧的决心,才是对抗这种无力感唯一有效的解药。从基因的角度看,有些人显然比其他人更容易遭受不幸。虽然药物可以有效缓解症状,有时甚至能救命,但人们也有义务改变自己的行为,使他们能够对生活更有控制感。

受害者的角色通常伴随着羞耻感和自责。那些因巨大的社会灾难(奴隶制、大屠杀)或生活磨难(犯罪、疾病)而成为受害者的人就是如此。这就是为什么在对受难者的同情安慰和对被动依赖者的支持声援之间有一条微妙的界线。

7. 再勇敢点，自助者天助

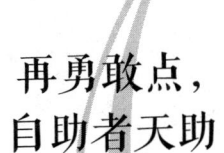

我年轻时曾参加过战争。我去参战有很多原因，最重要的就是为了检验我是否勇敢——那时候我很抑郁，甚至有一些想死的念头。此外，我认为一些战斗经验也会帮助我在军事医学领域崭露头角。

当时我刚晋升为少校，被任命为第11装甲骑兵团（绰号"黑马"）的外科医生，这是一支5000人的

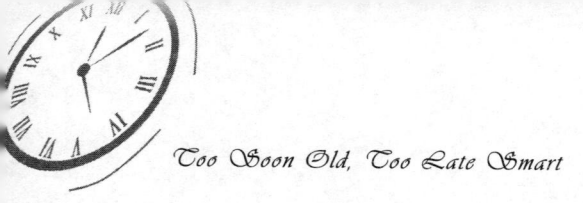

部队,在西贡西北部行动。指挥官是乔治·S.巴顿三世,你可能听过他父亲的大名。

我尽可能地融入其中。我在直升机上度过了很多时光,也中过几枪,还因战功获得了铜星勋章。但我在战场上看得越多就越不能为自己的参战而产生任何骄傲之感。我们在那里所做的事情对那个国家及其人民造成了巨大的破坏。假装我们是为他们而战是荒谬的。我们也没有给予他们足够的尊重。对我们来说,他们是"亚洲佬""越南佬"……我感到厌倦。我们付出了天文数字的战争费用。美军死亡人数最终达到了5.8万人。你可以在华盛顿的黑色花岗岩墙上读到他们的名字。

我到现在还记得我意识到我们将输掉这场战争时的情形。由于无法找到来无影去无踪的越南军队,我们制定了一项绝密计划用于确定他们的聚集点。它被称为"人体嗅探器",是一种对尿液中氨的存在很敏

7. 再勇敢点，自助者天助

感的装置，可以挂在丛林低空飞行的直升机上。当确定读数较高时，炮兵就会瞄准这里并发射炮弹。1968年的一个晚上，我参加了团部当天的总结会，一名步兵上尉正在汇报丛林侦查的情况。他和他的士兵遇到了一些无法解释的事情：树上挂着一桶桶的尿液。巴顿和他的情报官员交换了一个懊恼的眼神，他们心里明白，我们正在向越南各地的尿桶发射250美元一发的炮弹。这件事现在说起来可比当时有趣多了。

总之，我受够了。1969年复活节的星期天，在巴顿上校的换届仪式上，我从宾客中间走过，把我前一天晚上写的东西递给每个人。我称它为《黑马祷文》。

上帝，我们的天父，请聆听我们的祈祷吧。我们承认我们的不足，请求您帮助我们成为更好的战士。主啊，请赐予我们更强大的利器，以便

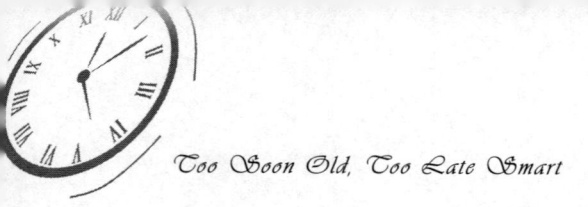

更有效地完成您的工作。今天，请赐予我们一支秒射一万发子弹的枪，一枚可以燃烧一周的凝固汽油弹。帮助我们把死亡和毁灭带到我们所到的任何地方，因为我们以您的名义行事，因此这是恰当和公正的。我们因这场战争而感谢您，我们充分认识到，虽然这场战争不是所有战争中最好的，但总比没有战争好。我们记得基督说过："吾至此非赐和平，乃赐刀剑。"我们也保证自己在一切工作上都要向他学习。当您丛林中的子民们在躲避我们时，请您不要忘记他们。求您把他们带到我们慈悲的手里，让我们结束他们的苦难。上帝啊，请帮助我们，因为我们深知，只有在您的帮助下，我们才能避免永远威胁着我们和平的灾难。

以你儿子的名义，乔治·巴顿。阿门。

7. 再勇敢点,自助者天助

在场有一些高级官员,包括驻越美军总指挥克莱顿·艾布拉姆斯将军,同时还有很多记者,其中一人问巴顿,这是不是官方部队的祈祷文。

我被逮捕和调查,以确定我是否要被送上军事法庭。最终,他们没这么做。审判一个西点军校的毕业生会带来诸多麻烦,因为他可以为战争罪行提供第一手的证词。所以他们以"令司令部难堪"为由把我遣送回国。我随后退伍,与许多人一起为终结这场战争而努力。我们并没有立即取得成功。在最后一批美国士兵离开之前,战争又持续了4年时间,又有2.5万名美国人死亡。

26年后,我回到越南,陪同我的还有我的儿子迈克尔。战争期间,我在当地的一家孤儿院发现了他,那时他还是个婴儿。我们参观了很久以前我们曾经生活和战斗过的地方。我们的导游里就有参加过越南战争的士兵,他们有着自己的战争记忆。他们友好而热

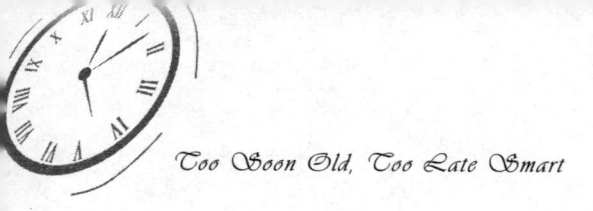

情。我想，这对他们来说比较容易，毕竟他们赢了战争。几乎所有我们到过这里的痕迹都被抹去了。当时我们在隆平最大的军事基地正在被开发成一个工业园区。

越南现在一半的人口在战争期间还没有出生。我们在重返战场故地时遇到的年轻人一定想知道我们在寻找什么，而他们对我们了解的一切却全然不知。我们背负着时间和命运的包袱，我们的心情因那些不能回来的人而沉重，他们的故事除了那些爱他们的人之外，再也无人知晓。

当我站在1969年指挥权交接仪式的所在地时，我想起了那个复活节的星期天我感受到的愤怒、怀疑和恐惧，在祈祷文的帮助下，我获得了重生。

8. 放弃完美才能掌控一切

我们大多数人花费大量的时间和精力试图控制不确定的人生进程。我们被教导要追求一种难以捉摸的安全感，且必须通过获得物质的方式。我们在生命的早期就被框定住了，并不断得到这样的暗示：如果我们"成功"，就会得到幸福和安全。

达到这一目的的主要手段是教育。按部就班的教

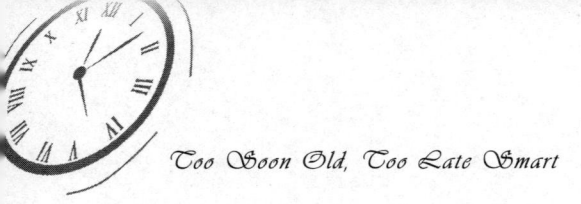

育制度为个人提供了获得社会地位和成功的可能性，这满足了我们确保自己取得进步的需要。每一次毕业都预示着社会地位和经济收入的提升。最终，我们将积累一系列有用武之地的专业技能，借此在社会上安身立命、追求幸福。

我们还被教导建立亲密关系是很重要的，以用于获得性、建立稳定的经济状况、提高养育子女的能力，以及实现自尊和情感安全等其他目标。长辈给我们的指导往往只关注经济上的成功。我们只能靠自己去探索如何与他人相处，尤其是那些异性，他们的需求和渴望虽然在理论上与我们自己的互补，但实际上却令人沮丧、难以捉摸。

为了控制我们自己的生活，我们必须对他人的生活横加干涉，这种概念滋生了一个问题——只有在牺牲他人利益时，我们才能得到自己想要的东西。于是我们就陷入了一场零和博弈。

8. 放弃完美才能掌控一切

我们生活在一个竞争激烈的社会，永远在把世界分成赢家和输家：共和党和民主党，善良与邪恶，我们队和他们队。我们的资本主义制度建立在竞争的基础上，我们的法律体系建立在冲突和对自身利益的追求之上。因此，我们经常通过赢输这两种视角来看待世界也就不足为奇了。然而，这样的观点对于与他人建立亲密关系的微妙过程来说是灾难性的。

控制是一种流行的错觉，它往往来自对完美的执着。在梦境中，我们可以为所欲为。我们不需要协商分歧，不需要忍受失败和拒绝带来的不确定性。虽然我们知道这样的世界是不存在的，但有时我们还是会通过权力或操纵来竭尽所能地控制周围的人。

我们都知道有些人是完美主义者。他们往往对自己和周围的人要求很高，并表现出一种强迫性的井然有序，而这最终会让他们成为孤家寡人。他们不相信自己的感觉，更喜欢相信自己能掌控的东西。

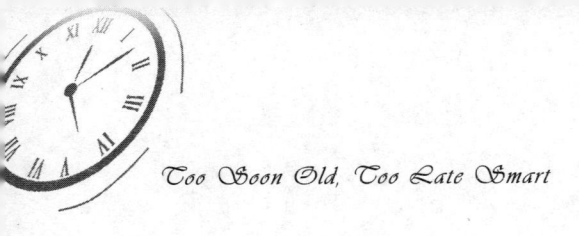

站在完美主义者的立场，可以说是他们让世界运转得更好。毕竟，谁会愿意让一个散漫的外科医生给自己做手术，或者乘坐一架由把"差不多了吧？"挂在嘴上的机械师维护的飞机呢？如果我们在任何事情上都做得很出色，那是因为我们在死抠细节（是上帝还是魔鬼，这取决于你的方向）。

完美主义者的全神贯注使他们的工作卓有成效，可同时也让他们在个人生活中令人难以忍受。我治疗过很多工程师、会计师和计算机程序员。减少在工作中的控制欲会让他们效率低下，最好的办法就是让他们了解**完美的悖论：在某些情况下，尤其是在亲密关系中，我们只有放弃完美才能掌控一切。**

9. "为什么"和"为什么不",关键在于知道该问哪一个

对我们所做之事的原因有所了解往往是改变的前提条件,尤其是对于那些我们做得不好但总会重复发生的行为来说更是如此。这就是苏格拉底所说的:**"未经审视的人生不值得过。"** 很多人不听从他的建议,这正好证明了自我审视需要付出的艰苦努力和其潜在的尴尬。

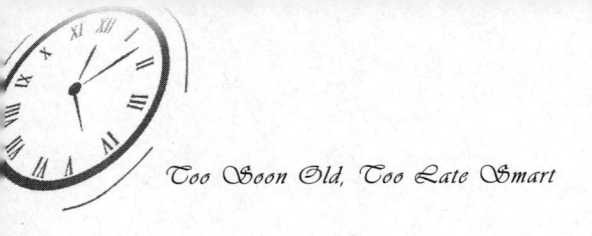

我们对于我们为何做事，以及为什么活着，往往是稀里糊涂的。我们自认为自己的行为在很大程度上是一种有意识的选择。弗洛伊德对心理学的主要贡献是他的潜意识理论。潜意识在我们的意识层面以下发挥着作用，并影响我们的行为。我们做的很多事情都是**无意识**动机的产物，这样的说法令许多人恐惧。尤其令人不安的是，梦境和口误能揭示我们不愿面对的想法和冲动。正如尼克松总统在水门事件期间向国会发表演讲时说的那样："是时候让我们名誉扫地的总统下台了——我指的是目前的福利制度。"

一旦我们承认，在我们的意识之下，存在着影响我们日常行为的被压抑的欲望、怨恨和动机的沼泽，我们就朝着自我理解迈出了重要的一步。悖论又一次出现了。如果我们否认这样一种内在生命的存在（就像尼克松那样，他很害怕精神科医生），我们便会在

9. "为什么"和"为什么不",关键在于知道该问哪一个

自认为坚如磐石的控制力崩溃时感到惊讶。(为什么他会选择录制并保存那些毁了他总统之位的有罪对话呢?)

忽视潜意识的存在往往会产生令人不安的结果。这种无知无觉造成的后果是:形成了破坏性的行为模式,在这种模式中,我们惊讶地发现自己在不断地重复同样的错误。

举一个文化方面老生常谈的例子,为什么一个女人总是选择像她父亲那样的男人,甚至连他们酗酒和有虐待倾向都一样?或者,一个男人会多次因与上司发生冲突而离职?要改变这种习惯性的和适应性不良的行为模式,首先需要对这种模式有一定的认识。人们往往很抵触这么做,更喜欢把它说成是巧合或简单地归结为个例,同时把责任归于他人。因此,如果上面这个跟上司相处欠佳的男人收到了一系列超速罚单,他往往很难把这与在工作中遇到的问题联系

057

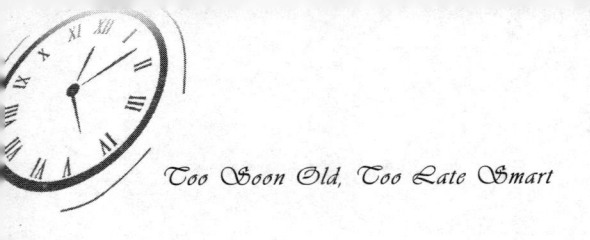

起来。

如果人们不愿意回答"为什么"的问题，他们也往往难以回答"为什么不"，后者暗示着风险。我们大多数人在某种程度上都是风险厌恶者，因为我们习惯性地惧怕改变。特别是在可能会被拒绝的事情上，我们往往表现得好像我们的自我意识是脆弱的，必须得到保护。有人会认为，这些恐惧会随着年龄和经验的增长而改善，而通常情况恰恰相反。人到中年，最常见也是最重要的追求之一就是努力寻找伴侣。然而对大多数人来说，这是一项令人恐惧的任务，因此他们时常犹豫和逃避。

与孤独作斗争通常与抑郁相关。约会网站的流行证明了人们对陪伴的需求。因为这种文化崇尚年轻和美丽，瞧不上老年人，所以人到中年，很难有足够的被需要感和自信去约会并获得亲密关系。就连我们的

9. "为什么"和"为什么不",关键在于知道该问哪一个

用词也会背叛我们:对于四五十岁的人来说,"男朋友"和"女朋友"似乎是很奇怪的称呼。

面对新事物时,最重要的问题可能是"为什么不呢",但人们常常用"为什么"来保护自己避免失望。这可能会导致人们编造出无数借口,却不敢宣称自己单身,需要伴侣。许多人选择继续孤独,因为结识新朋友很难,还有被拒绝的风险。"好男人都结婚了"或"女人怎么这么麻烦"让我耳朵都要长茧子了。

我经常问那些远离风险的人:"你冒过的最大的风险是什么?"人们开始意识到自己过的生活有多"安全"。对抗性运动、背包游欧洲、服兵役等对大多数人来说都是陌生的。我们的冒险精神在我们对安全和保障的过分关注中丧失了。**生活是一场赌博,我们没有机会发牌,但我们有义务尽自己最大的能力去打**

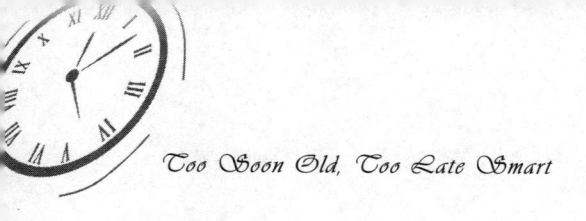

好这手牌。

最大的赌注是我们的心。我们要从哪里学到这些呢?如果处处小心,我们又怎能在犯错的风险和忍受孤独之间找到平衡呢?在我们的生活中,极度玩世不恭和极度鲁莽是最危险的。与大多数游戏不同的是,这场游戏的结果是可以奖励所有相关的人。如果把这当成一场竞争,我们就会输。我们又如何确定对方是否有合作的意愿呢?

这就是我们必须接受风险的地方,为了获得胜利,有时需要承担很大的风险。在各种活动中,我们都不指望一上手就能熟练掌握。每个人都知道,在我们变得熟练之前,需要经历一个夹杂着痛苦和错误的学习曲线。**没有人会认为不摔一跤就能学会滑雪。**然而,很多人却对努力寻爱过程中经常受到的伤害感到惊讶。

9. "为什么"和"为什么不",关键在于知道该问哪一个

为了实现目标而承担必要的风险是一种勇气。为了保护我们的小心脏不受伤而拒绝冒险,这是绝望的行为。

最大的优点就是最大的弱点

　　有一些性格特质与个人在学术和职业方面获得成功高度相关：对工作的投入、对细节的关注、管理时间的能力，以及责任心。拥有这一系列特质的人一般都是优秀的学生和高效的员工，但他们也很难相处。
　　想想看，那些对自己要求很高的人经常对自己周围的人要求更高。在工作环境中，这通常可以适应。

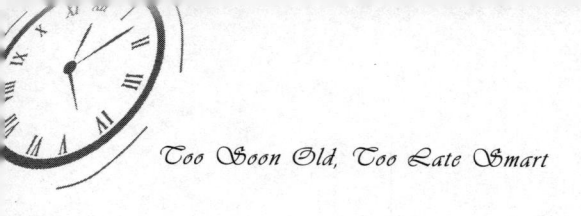

然而在个人生活中，如果一个人坚持各种生活秩序和完美主义的态度、对努力的投入超过快乐和友谊、缺乏灵活性且固执，那么他往往很难相处，而且还会驱离那些重视亲密感、轻松和宽容的人。

要想在生活各个领域都取得成功，对生活做一定程度的区分是必要的。兼顾我们的多重责任——工作伙伴、伴侣、父母、朋友——是一项挑战。无论我们此刻在做什么，我们都认为自己始终如一，但是不同的角色需要不同的态度。如果我们试图将一种公事公办、垂直领导的决策性态度强加给我们的家庭，那么我们很可能会遇到怨恨和抵制。相反，如果我们的风格过于冲动、浅薄和贪图享乐，那我们则很难在工作上取得成功。

婚姻中常见的一个现象是，具有强迫特征的一方（通常是男性）与具有更冲动、更戏剧化性格的另一方（通常是女性）走到了一起。这些人最初因为互补的需求而相互吸引。男人在生活中需要更多的娱乐，他看重女人不那么拘谨，比他更随性。女人看重的是有条不紊、一丝不苟的男人能平衡她的冲动倾向。很容易理解为什么这样的关系经常会深埋失望和沮丧的种子。（他："你为什么不能更负责任一点？"她："你就是不会玩。"）

就像任何在不完美的世界中追求完美的人一样，具有强迫性性格的人容易罹患抑郁症。让这些人感到困惑的是，那些让他们在工作中取得成功的方法却无法被他们身边的人接受。具有强迫性性格的人非常强调控制，任何威胁到掌控感的事情都会引起他的焦虑。这不可避免地导致人们努力重新获得控制权，而实际上却使情况雪上加霜。由此产生的冲突会使他们产生挫败感，并不断加剧。

再者，"效果怎么样？"这个问题可以将治疗保持在有益的范围内，这样人们就会接受实践层面而非

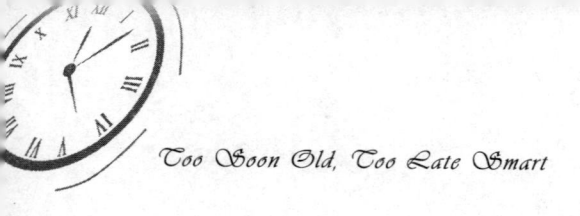

理论层面的挑战。如果根深蒂固的信念受到挑战,那么我们都会进行自卫。这就是为什么大多数政治或宗教争论都是徒劳的。然而,如果我们能被引导着在纯粹的实用主义基础上思考正在做的事情,那么我们时常会被说服去尝试新的方法。

实际上,人类的很多品质——好胜心强、有条不紊,甚至善良——如果发挥到极致,都会过犹不及。也许这就是凡事适度的另一个理由。所以我们需要承认,那些令人最引以为傲的品质可能会让我们自毁长城。

我们正在面对生活中经常会令人困惑的悖论,其中之一就是那句众所周知的忠告:"小心许愿。"我们年轻时渴望并热烈追求的爱,往往成为日后的曾经沧海。我们在高中时暗恋的那个女孩在哪里?即使我们和她结婚了,那段纯真的感情往往也只停留在回忆里,而曾经笃定会让我们幸福的事情却很少发生。命运，冥冥中带着一丝幽默感。

悖论可以永无休止：对快乐的不懈追求会带来痛苦，而最大的风险是从不冒险。我个人最喜欢这样一个真理：**生活中的一切都是好消息，当然也可能是坏消息。**渴望已久的升职带来的是更多的钱和更多的焦虑；梦寐以求的假期让我们负债累累；经验带给我们智慧，但我们年事已高无处施展；青春在年轻时便从指缝中溜走了。

生命的无常在嘲笑我们。我们的努力——去学习、去获取、去坚持自我，这一切终将化为乌有。这是最后的，也是最终极的悖论：**只有拥抱死亡，我们才能在拥有的时间里获得快乐。**我们与所爱之人的紧密联系源于我们认识到一切人和事都是转瞬即逝的。如果我们想体验快乐，要么应用积极的心理防御机制，要么勇敢地接受岁月无情的挑战和终将结束的可能。

11. 最安全的监狱是我们为自己建造的

我们总在抱怨没有自由,却很少去关注那些我们自愿对生活施加的限制。我们不敢尝试的每件事、所有未实现的梦想,都限制了我们的现状和未来。通常是恐惧和焦虑阻止了我们去做那些能让我们快乐的事情。我们生活中的很多事都源于违背自己的承诺。我们渴望做的事情是考上名校、飞黄腾达、坠入爱河,

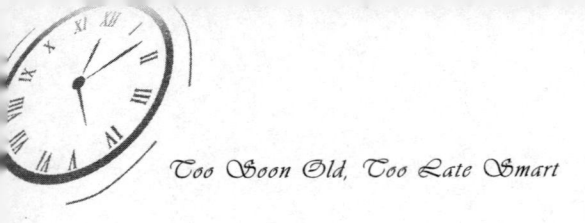

这些是大家普遍追求的目标。实现这些目标的方法也很简单明了。然而，我们却常常没有做那些该做的事来帮助我们成为我们想成为的人。

把失败归咎于他人是人之常情，我们的父母也分担了部分责任。我们经常以缺乏机会为理由，好像生活是一张彩票，中奖的彩票数量有限。时间不够和忙于生计经常成为不作为的借口。此外，担心自己失败也会产生严重的惰性，降低期望就会让我们免于失望。

我们不喜欢认为自己身陷困境，毕竟这片土壤充满机遇，身边充满了成功的榜样。我们的文化不断地向我们展示那些从默默无闻到声名显赫的人的故事，他们与我们没什么不同。大多数人并没有从这些故事中获得希望，而是用它们来反证自己的能力和运气不足。我们也对这些转变发生得如此轻而易举感到困惑和反感。在一个缺乏耐心的社会里，缓慢的改变聊胜于无，我们从哪里可以获得实现目标所需的决心和耐心呢？

生活中永远不缺乏建议，书店和杂志上充斥着各种变得更富、更瘦、更自信、减少焦虑、对异性更有吸引力的方法。有人认为我们正在进行一场提升自我的狂欢。然而，那些与我交谈的人、那些勇敢地承认自己需要帮助的人，在很大程度上，他们今天的所作所为与他们昨天和去年所做的几乎相同。我的工作就是指出这一点，并和他们一起思考怎样才能让他们的行为发生真正的改变。

在做任何事情之前，我们必须先去想象它。这听起来很简单，但我发现很多人并没有把行为和感觉联系起来。我把这个问题归咎于现代医学和广告业。我们已经习惯了这样一种想法：对于自己和生活的许多不满意之处，只要我们付出一点努力，就能很快克服。药物可以改善我们的情绪，整容手术可以改变我们的外表，消费可以提升我们的品位，**所有这些营销**

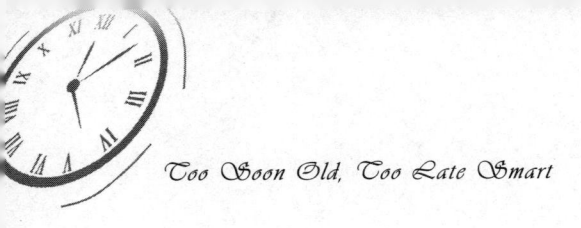

宣传都给我们营造出这样的一种假象：幸福可以用钱买到。 马尔科姆·福布斯[①]有句名言："任何认为金钱买不到幸福的人都没去对地方。"

事实上，这样的信念只会增加我们的挫败感，使我们为自己建造的监狱更坚固。我认为这是一种"彩票心态"。有一些人用兜售希望的概念来为赌博正名。那些排队的人，在一场没有胜算的游戏中花费着他们的积蓄，同时无休止地谈论着他们将如何花掉赢来的数百万美元。这不是任何现实意义上的"希望"，**它是白日梦**。我经常遇到这样的病人，他们嘴上说着要改变自己的生活，却没有采取具体的行动。我常常问他们，他们最近的改变生活的行动计划是真心想做，还是只是一个愿望。后者可能很有趣却会让人分心，我们也不应将它与现实混淆。

抛开宗教不谈，我们态度和行为的改变是一个缓

[①] 马尔科姆·福布斯（Malcolm Forbes），在1917年创办了美国第一本商业杂志《福布斯》。

慢和循序渐进的过程。看看任何成功的越狱案例，你都会看到丰富的想象力，长达数小时、数月，甚至数年的计划，一步步实现"自由"。我们可能不会钦佩那些成功越狱的人，但他们的某些方面值得所有人学习。

当遇到一个寻求治疗的人时，最难确定的事情就是他们是否愿意改变、是否具有改变所必需的坚韧精神。有些人因其他原因来寻求帮助，而非真正地想改变他们的生活。我们的社会已经把抱怨变成公共话语的主要形式了。电视广播和法庭上充斥着这样或那样的受害者，童年时受的虐待、他人的错误、偶然的不幸，一些自发的行为也被归类为疾病，这样，患者就能得到同情，并在可能的情况下得到补偿。更多这样的人出现在精神科医生的办公室里一点也不奇怪，他们期待着被倾听和用药来缓解自己的痛苦。通常他们只是想要获得证据来支持诉讼或获得医嘱来请假。他们并不是来审视自己生活的艰难过程、为自己的感受负责、决定他们需要做什么才

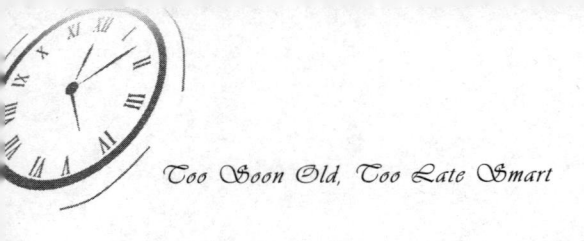

能快乐，然后付诸行动的。

为了澄清我将扮演的角色，我要求病人在首访时签署这样一个文件，部分内容如下：

> 我不参与任何关于劳务纠纷、诉讼、监护权纠纷、残疾裁定或其他法律或行政程序，包括请假和要求改变工作条件的相关事宜。如果你出于上述任何原因需要一名医疗辩护人，你需要另请高明。我是来提供治疗的。

人们常把想法、愿望和意图误认为实际的改变。言语和行动之间的混淆给治疗过程蒙上了阴影。**忏悔可能确实对灵魂有益，但除非伴随着行为的改变，否则只是空谈。**我们是善用语言的物种，喜欢表达我们最细微的想法。（还记得你上次煲电话粥的样子吗？）我们把承诺看得太重了。

以下情况经常发生：每当我向人们指出，他们想要的和所作所为之间存在差异时,他们的反应是如此惊讶,有时甚至充满愤怒。因为我没有将他们表达的意愿信以为真,而是更关注唯一可以信任的交流方式——行为。

人与人之间最令人困惑的事情可能就是说"我爱你"了。我们渴望听到这强有力的、令人安心的话语。然而拎出来看,如果没有始终如一的爱的行动支持,这往往只是一个谎言,或者更仁慈地说,是一个不太可能实现的承诺。

言行不一致并不是虚伪的表现,因为我们通常相信自己都是出于善意的。人们往往过度关注自己和他人的言辞,而对真正定义我们的行为却不够关注。我们内在监狱的狱墙由两部分组成,一半是我们对风险的恐惧,另一半是我们相信这世界能让我们美梦成真。放下令人欣慰的幻想是很难的,但在不切合实际的感知和信念中构建幸福生活就更难了。

12. 老年人的问题往往很严重，且无趣

老年通常被视为享有特权的时期。经过多年的工作，退休老人有资格享受闲暇生活、社会保障和一些优惠政策。然而，所有这些特权都是对老年人地位下降的可怜补偿。老年人被贴上了"身心虚弱"的标签。除了他们还能继续消费以外，在美国鲜有人认为老年人对社会还有贡献。

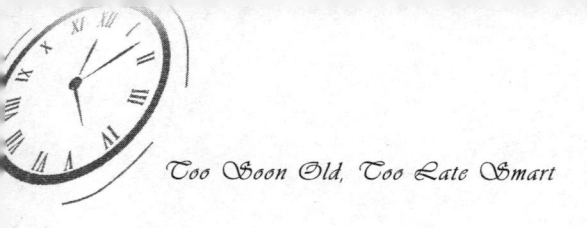

把老年人孤立在他们自己的机构和社区的政策传递出一种信息,即他们没有什么可以教给我们的了,我们也要减少与他们的互动。老年人和美国其他少数族裔一样,用配合隔离印证了这种被污名化的力量。他们能够开车,也就是说能够保持独立性,但这常被用于幽默的主题,偶尔也会引起官方的关注。(你知道吗?在佛罗里达州,现在出售的汽车上装有一种装置,可以确保当方向信号持续超过20秒时,汽车就会自动转向。)

我们与衰老的生理特征作斗争,为每年1500亿美元的化妆品行业添砖加瓦,这让教育、公路养护或国防等国家重大投入领域相形见绌。整容手术的兴起、可能使人毁容的肉毒杆菌毒素注射,以及全美国对皱纹和脱发的关注……这一切都表明,正常的衰老过程在大多数人身上引起了一种近乎恐慌的反应。

我们害怕的是死亡,衰老的迹象提醒我们人终有

12. 老年人的问题往往很严重，且无趣

一死。我们拒绝老人和自己衰老的迹象，这不过是对一种永远困扰着人类的自然恐惧的本能反应。这就是个宇宙玩笑。命运也好，上帝也好，不管是谁在操纵这场闹剧，似乎都在说："我会让你支配所有其他形式的生命，但是你们将是唯一能够思考自己死亡的物种。"

而被社会边缘化、贬低价值的老人会有什么反应呢？他们很愤怒。他们要承受年龄增长而带来的损失：性吸引力和性热情的衰退，健康状况的下降，老朋友的去世，精神敏锐度的逐渐丧失。他们还必须每天面对社会上那些没有权力或无收入的人的蔑视。

因此，抱怨就成了老年人的任务。在我们复杂的世界里，特定的群体被赋予了特定的角色。例如，青少年就是要用超速驾驶、大声喧哗和过度使用夸张词汇来折磨其他人的，而我们的老年人则是用他们的行动迟缓和对身体的抱怨来烦扰其他人的。

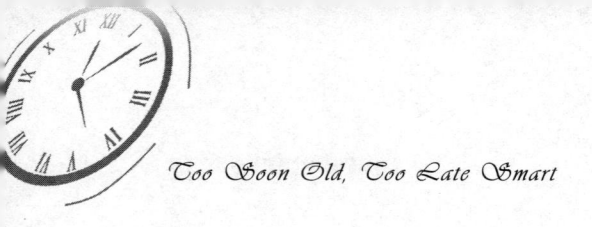

Too Soon Old, Too Late Smart

作为生命对称性的一部分，随着年龄的增长，我们会慢慢回到婴儿期，重新处于只顾得了自己和依赖他人的状态，为进入死亡做准备，这对所有相关的人来说都是令人沮丧的。这种情况发生的方式和速度定义了我们活了这么多年所学到的东西。我们害怕衰老的一个原因是，在我们前面离开的人通常都树立了不好的榜样。与我交谈过的许多人，都把年迈的亲人视为负担。老年人给予年轻人的智慧和生活经验都很少被考虑。原因是，"大多数老年人满脑子都是以自我为中心的抱怨"。

当中年人谈起年迈的父母时，往往带着一种夹杂着气馁的**义务感**。老人变得更容易抑郁。抑郁的人往往以自我为中心、易怒、让身边的人不愉快。抑郁的老年人常常得不到适当的对症治疗。虚假的解释替代了医学评估："如果我那么老，我也会抑郁的。"

双方期望值的降低导致了一种僵局，老年人扮演着无休止抱怨的角色,而年轻人则勉强地应付着,试图履行自己对父母和祖父母的义务,却尽可能少地与他们进行接触。隔离的单独生活和令人恐惧的养老院,是老年人被排斥和边缘化的两个常见表现方式。

事实上,按年代和年龄进行划分是社会最严格的划分标准之一,往往超过由教育、财富和社会阶层所造成的分化。当老年人还算活跃时,就会出现一种自愿向气候更温暖的地区迁移的现象,他们会聚集在各种"养老社区"。佛罗里达和美国西南部是最常见的目的地。老人们经常选择住在那些只接纳特定年龄(通常是50岁以上)人群的地方。

这种自我隔离使老年人只能参与到那些与变老联系在一起的不太需要动脑的娱乐活动中:宾果游戏、沙坑球、高尔夫球和"老年健身操",这些活动的名字似乎与运动根本靠不上边。实际上,除了必要的家庭探访,老年人几乎没有与年轻人的接触,也没有任

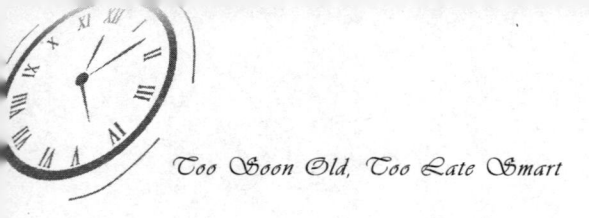

何的智力刺激活动——尽管事实证明智力刺激有时可以延缓痴呆症的发作。

许多老年人谈话中的抱怨（往往伴随着被忽视的暗示）对两代人之间的关系造成了难以估量的伤害。我认识很多人，他们开始害怕接听父母的电话，尤其是怕听到父母对"你好吗？"这个问题的回答。还有什么比一连串的疼痛和排便困难更无趣、更令人沮丧的呢？这些老人意识到他们所遭受的痛苦已经无法治愈，而且越来越严重。

我相信**为人父母是一种自愿的承诺**，年轻人并不需要产生对等的义务——不用让自己的生活符合父母的喜好，也不用倾听父母对岁月无情摧残的抱怨。事实上，我认为老年人有责任尽其所能**优雅而坚定**地承受年龄的损失，并避免把自己的不适强加给爱他们的人。

向年轻人传递乐观精神是为人父母最重要的任务。

12. 老年人的问题往往很严重，且无趣

不管对孩子还有什么义务，我们**坚信可以在失去和不确定中获得幸福**，这是我们可以代代相传的最好礼物。就像我们希望教给孩子们的所有价值观一样——诚实、承诺、同理心、尊重、努力工作……这些都是通过榜样的力量传授的。

许多老年人有与美国其他少数族裔一样的被忽视的感觉。这种感觉表现为：在商店里被销售人员忽视；在流行文化中几乎看不到自己感兴趣的东西；成为家庭成员强制性拜访和打电话的对象，最重要的是，他们认为自己没什么可说的；而这一点最让老人懊恼：不被人倾听。老人们经常强加给年轻人的那些令人痛苦的无聊谈话，是对很多老人所感受到的贬值感和无视感的一种报复。

"变老不是变絮叨"，准确地描述了在这个以青年为中心的社会中老年人所面临的困境。或许，我们最后的义务，是用一种避免自怜的尊严，去承受伴随衰

083

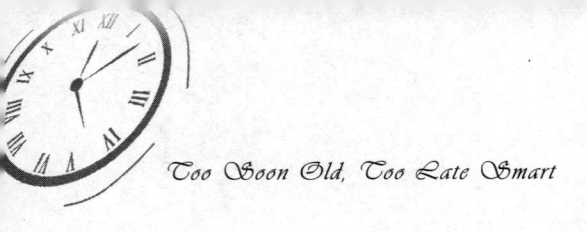

老而来的生理和心理上的打击。

面对岁月带给我们的屈辱，我们还能保持希望吗？正如勇气这种美德在年轻人中并不是平均分布的一样，我们也不能指望老年人都能表现出勇气。然而，当看到它时，我们就能意识到并重视它。我们可以平静地思考即将到来的死亡，它给了我们勇敢起来的机会。

如果在生命谢幕时仍能保持自己的幽默感和对他人的兴趣，我们就已经为那些活下来的人做出了不可估量的贡献。我们将因此完成对他们的最后义务，并对已经享用良久的本不应得的生命馈赠表达出自己的感激之情。

13. 幸福是最大的风险

抑郁的人很自然地会关注他们的"症状"：悲伤、无精打采、睡眠障碍、食欲消退、丧失获得快乐的能力。为了减少这些痛苦带来的困扰，人们很容易不断地尝试药物和各种心理治疗。

当改变的努力无效时，我会把人们的注意力转向抑郁带来的积极影响上，其好处之一是它确实很**安**

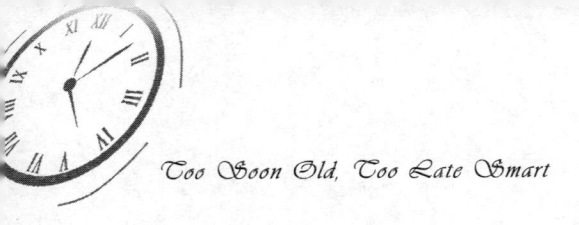

全。长期的悲观主义也是如此，它往往既是抑郁的前兆，也是抑郁的表现。悲观主义者的幻想很难破灭，因为他们已经彻底灰心丧气了，不愉快的意外也让其波澜不惊。他们的期望值通常很低，所以这些悲观主义者（他们总是认为自己是现实主义者）**很少失望**。当我告诉他们，我们的预期无论是好是坏，通常都能得到满足时，他们表示怀疑，因为他们已经很久没有预想过最坏的情况了。

要求别人摆脱抑郁通常行不通。**想要快乐，就要承担失去快乐的风险**。所有重大的成功都需要冒险：发明失败的风险、探索失败的风险，或者爱情失败的风险。人们生活在一个不愿承担风险的社会，我们投入了大量的时间和精力来保证"安全"。我们被教导要系好安全带，锁好车门，不吸烟，每年做一次身体检查，运动前咨询医生。我们担心天气，执着于孩子的安全，住在装有报警系统的房子里，武装自己以防入侵。

我们的上几代人认为普遍存在的风险包括夭折、传染病、环境灾难,这些现在已经不是大多数人关注的事情了。我们还指定了某些社会成员——警察、消防员、士兵、运动员——去承担我们其他人不敢承担的风险。娱乐业对英雄主义的生动描绘是许多替代性兴奋的来源,并为勇敢的含义提供了扭曲的榜样。在这些描绘中,暴力、控制和勇气之间的联系是不可避免的,这与我们的日常生活几乎没有关联。

通常很难让不快乐的人抓住必要的机会去改变态度和行为,而这些态度和行为正是他们长期沮丧的原因。我的专业是精神病学,它对这一问题做出过一些贡献,它将抑郁症指定为一种化学疾病,并过度依赖药物。在这方面,我们受到了保险公司的怂恿(和胁迫),它们不断地减少心理治疗的报销比例。

什么是心理治疗?它是以做出改变为目标导向的

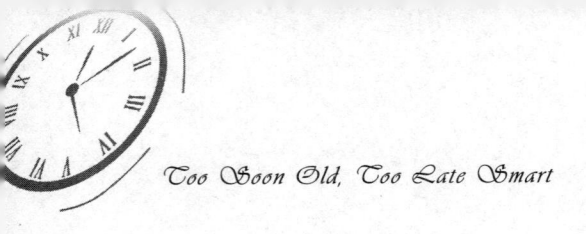

对话。寻求帮助的人希望获得**改变**，通常他们想要改变自己的感受：焦虑、悲伤、愤怒、空虚、茫然。我们的感觉主要取决于我们对发生在自己身上和周围事情的解读——我们的态度。**重要的不是发生了什么，而是我们如何定义此事并对此作出何种反应，这决定了我们的感受。**那些深陷情感旋涡的人的特点是，他们已经失去了，或者他们**认为**自己已经失去了选择快乐行为的能力。

想想看，一个忧虑成疾的人，他再也无法在这个世界上舒适地生活，每做出一个决定都必须去衡量它会增加或减少焦虑的可能。如果一个人的选择权处处受制于避免焦虑的需求，那么他的生命力就会枯萎。当这种情况发生时，焦虑与日俱增，患者会更恐惧——不是针对任何外界事物，而是对焦虑本身而言。人们不敢开车，不敢购物，甚至不敢出门。此时，一些患者觉得他们在生活中的选择变得如此有限，以至于他们不再与人接触。在重度抑郁症患者中也可以看到同样的问题。

心理治疗师的工作就是重新给予他们希望。我经常问病人："你在期待什么？"被焦虑或抑郁压垮的人往往没有答案。真正绝望的人甚至会考虑结束自己的生命。

当遇到有自杀倾向的人时，我很少试图说服他们放弃。相反，我会让他们审视一下，到目前为止，是什么阻止了他们自杀。通常这会让他们有所发现，并找出在面对几乎无法忍受的精神痛苦时，是什么牵绊着他们，将他们留在了世上。毫无疑问，任何自杀的决定都包含着愤怒。自杀对爱我们的人来说永远都是一种诅咒。可以肯定的是，这是绝望的终极宣言，也是对我们最亲近的人发出的宣告：他们对我们的关心、我们对他们的关心，都不足以支撑我们再多活一天。处于绝望中的人，自然会极度地固执己见。自杀

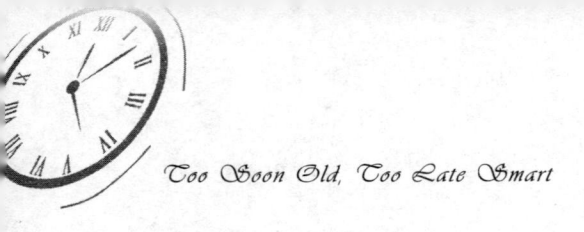

就是这种自我专注的终极表现。我认为，与其仅仅让包括治疗师在内的旁人表达出对他们自杀行为的同情和恐惧，不如让他们直面自我毁灭行为中隐含的自私和愤怒。

这种方法能阻止某人自杀吗？有时可以。在从事精神病学工作的三十三年里，我只遇到过一件令人挫败的事。一位有两个孩子的年轻母亲，因离婚的痛苦而患上抑郁症，在她要来医院的当天开枪自杀了。那天她没有出现，我和警察在她家发现了她的尸体。我曾经抱有的痴心妄想——能够控制一个绝望的人的人生——在那天全部破灭了。

在很多年后的一天，我突然接到了一个电话，我的宝贝儿子，二十二岁的安德鲁，结束了与躁郁症的三年斗争，自杀了。即使是现在，十三年过去了，言语也无法表达从那可怕的一天起一直伴随着我的悲伤。父母埋葬自己的孩子，是违背生命自然规律的。

在一个理想的世界里，这种事永远不会发生；但在这个现实世界里，它确实存在。

当安德鲁放弃与绝望的长期斗争时，那些爱他的人的记忆中混杂着他带给我们的喜悦和他去世的永恒悲伤。当清点他的遗物时，我偶然发现了他九岁时在学校写的一篇文章，其中部分内容是这样写的：

> 那是下午两点半左右，我和父亲已经跑了一个多小时。我们现在正冲进风里，我跟在父亲后面，他帮我冲破风的阻力。我们要和另外200名选手一起比赛。这条路满是陡峭的山。在最后一英里时，我们加快了步伐，超过了几个选手。当到达终点时，我们必须绕场半圈。最终，我们完成了13英里的比赛。

他是个很优秀的学生，是高中的班长，在大二时就加入了学生会，当时他正被疾病的最初症状所困扰

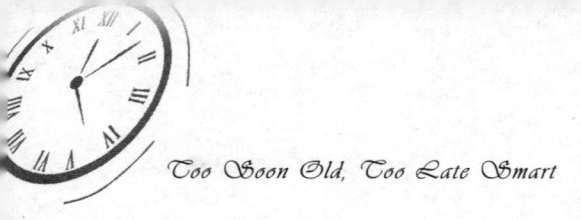

着。他经历了三次住院治疗，他的情绪在狂躁无序和极度抑郁之间剧烈波动。我想，在那最后的绝望时刻，他终于能从无尽的痛苦中得到解脱了。我祈祷他最终能找到他所寻求的平静。正是这种希望，让我能够忍受自己的痛苦，继续活下去。

他的病是一股我们无法替他抵御的冷风，最后把他卷走了。他选择了过早地离开，但我知道他爱我们就像我们爱他一样，我原谅了他带给我的心碎，相信他也原谅了我作为父亲犯的所有错误。当我想起他的音容笑貌时，我仿佛听到了汤姆·帕克斯顿[1]的一首老歌：

你要不辞而别吗？

一丝痕迹都不留吗？

---

[1] 汤姆·帕克斯顿（Tom Paxton），美国60年代民谣词曲创作歌手，2009年获得格莱美终身成就奖。文中选自他的歌曲《The Last Thing On My Mind》。

13. 幸福是最大的风险

我本可以更爱你,

我不是有意要伤害你。

你知道那是我最不想做的事。

14. 真爱是伊甸园的苹果

在《圣经》故事中，亚当和夏娃偷食禁果，被逐出伊甸园，这永远地定义了人类的典型特征：好奇、软弱和对彼此的渴望，这种渴望甚至超过了我们对上帝的忠诚。那个水果为什么如此让人无法抗拒，是什么让它值得我们用一种完美的、率真的、永恒的幸福来换取耻辱和辛劳的生活？

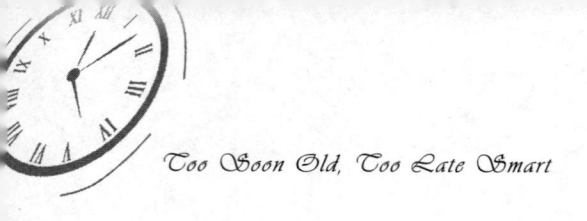

在某些方面，人类发展的进程正是这个堕落故事的续集。童年是一系列的幻灭，我们从天真无邪到被现实毒打。我们一个接一个地告别了圣诞老人、牙仙（掉牙时出现的仙子）、父母的完美，以及我们自己的永生。当我们放弃这些幼稚想法带来的安慰和确定性时，取而代之的是不停斗争、充满痛苦和失落、结局还很糟糕的人生。亚当和夏娃，我可太谢谢你们了。

值得注意的是，面对这样的状况，我们并没有绝望地灰心丧气，却执意要从这短暂的时光中汲取幸福。正如《创世纪》所暗示的那样，在我们追求幸福的所有方式中，彼此"分开（希伯来语释义）"却让我们更亲近。（"cleave"是一个多么神奇的词啊，它同时传达了两个相反的含义：分开和紧紧抓住。）

在《夏娃的日记》中，马克·吐温让堕落之后的夏娃说道："当我回首往事，伊甸园对我来说就是一场梦。它美极了，美得出奇，美得迷人；现在它不见了,我再也见不到它了。伊甸园没了,但是我找到了他,我心满意足。"

没有人能像我一样,每天看着破碎的爱情故事不停上演,却没有因人们选择配偶的方式而变得愤世嫉俗。我经常会问,这个人是否如此与众不同,以至于你从决定要和他共度一生的那一刻开始,就确信他一定是你孩子的父亲,对于他的忠诚、他的坚定、他对你的爱,从来没有一丝丝怀疑。围绕这个问题展开的讨论一次又一次地揭示了我们年轻时的浅薄和愚蠢。

也许是因为在我们成长的过程中缺少好的榜样,在与我交谈过的人中,很少有人钦佩父母所表现出的对彼此的爱和承诺。事实上,我经常听到的是,人们从上一辈身上看到的是一种对爱情天长地久可能性的质疑。

讽刺的是,当人们坠入爱河时,他们的爱情是不需要任何理由的。人们普遍认为,我们被另一个人吸

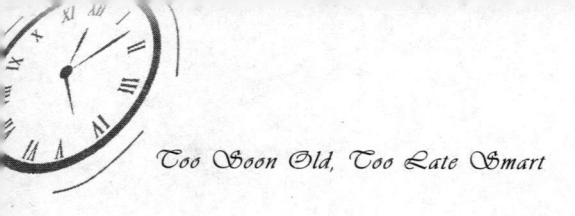

引的过程是神秘的、无法解释的,是身体上的吸引、共同的兴趣、某种神秘的"化学反应"把两个人拉到一起,让他们决定共度余生。他们身边的人接受了这一点,并为他们举行了精心策划且盛大的仪式,庆祝他们开始共同生活。然而,当人们不再相爱时,我们却坚持要一个解释:到底发生了什么?是谁的错?为什么你不能再努努力?在大多数情况下,"我们不再相爱了"这个理由并不充分。

在很大程度上,这是一个教育问题。人们可能会认为,人类行为中如此重要的一个领域应该是学校考虑的内容。西蒙和加芬克尔[1]在他们的歌曲《柯达克罗姆胶卷》中总结了他们的中学教育:"当想起高中学到的所有废话,我还能进行思考简直就是一个奇迹。"在三角函数、工艺美术和永远流行的"健康学"

---

[1] 保罗·西蒙(Paul Simon)和阿特·加芬克尔(Art Garfunkel)是美国知名乐队组合,美国电影《毕业生》主题曲的创作者。

这些无关紧要的课程中，人们徒劳地寻找一门关于人类性格和行为的课程，想要学习如何避免在选择朋友和爱人时犯下灾难性的错误。因此，对于生活中的大多人，选择和谁相爱这一重要事情变成了试错的实验，要是这个试错没有成本就更好了。

我可以开设一个以"幸福来敲门"为主题的课程。课程将从讨论爱的定义开始，然后是一些关于人格障碍治疗的指导，介绍那些最容易心碎的人的性格特点。接下来会有一节课叫作"最佳婚姻伴侣的特征"，讨论善良和同理心，以及如何认识到这些美德的存在。

最后，我们将邀请那些经历过离婚痛苦的人，以及那些拥有成功婚恋关系的人作为客座讲师。后者必须精挑细选，那些结婚 50 年、60 年或更久的老人在回答"成功婚姻的秘诀"这个重要的问题时，"对无聊的较高忍耐度"的答案定会位居榜首。**诸如"我们**

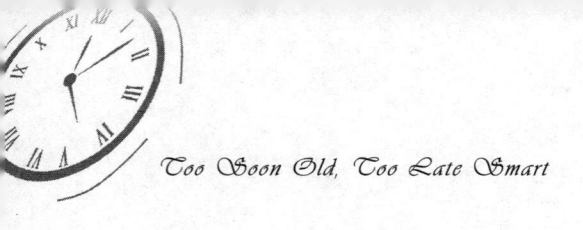

不让矛盾过夜"或"凡事适度"之类的陈词滥调所传达的哲理更多的是为了生存而不是为了享乐。对此人们不禁要问:"绵延不断的、可持续的爱"到底该去哪里找寻?

如果说亚当和夏娃的堕落教给我们一些什么道理的话,那就是两个人的结合为我们所肩负的重担提供了如下信息:生活需要不辞劳苦、披荆斩棘,以及我们终有一死。

那禁果中到底有什么,以至于品尝它让上帝如此愤怒?

伊甸园没了,但我找到了他,我心满意足。

15. 坏事来得快

那些在生活中寻求改变的人都有一个常见的幻想,那就是改变可以很快实现。一旦我们"知道"要做什么,似乎就能够简单地实现它。让许多人感到困惑的是,这种突然的转变很少发生。

众所周知,最难以改变的就是那些成瘾性行为,包括喝酒、抽烟、吸毒。这里,我们假设那些物质的

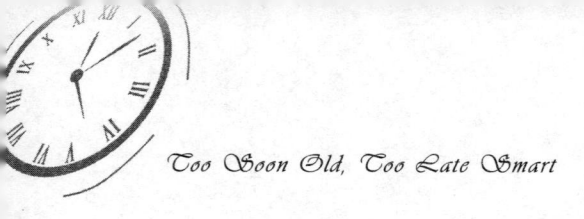

化学作用阻碍了我们回归正途的努力。当我们试图戒掉它们时，戒断症状证实了我们被生理上的渴望所控制，而仅靠意志力无法战胜它们，必须依靠特定的办法。

其他明显的上瘾行为，比如暴饮暴食和赌博（最近又增加了性成瘾和购物癖）又怎样呢？这种依赖明显不具有化学性，但任何试图控制饮食或继续下注的人都会告诉你这难如登天。

这里起作用的是习惯带来的心理因素。每个人独一无二的特征很少来自理性选择。当然，有时我们确实会选择更健康的习惯，规律的锻炼也会提高生活质量。然而，随着时间的推移，那些坏习惯往往会对自身进行暗示，使人变得极其抗拒改变。甚至当它们开始威胁并毁掉我们的生活时，我们也不会改变。

这些影响生活的不良适应行为，也包括我们与他人习惯性的相处方式。我们对他人表现出的性格特征

15. 坏事来得快

是我们能否成功地建立和维持人际关系的主要决定因素。我们所展示出的绝大部分个人"风格"并不是有意识的产物，它们要么是天生的，要么是由我们早年与家人相处的经历所塑造的。因为它们存在于我们的意识层面之下，即使显然对我们不利，它们也难以改变。

很明显，任何旨在改变人类既定思维和行为模式的尝试，哪怕只是一点点改变，都将是一个认知拓展的过程。这包括努力获得洞察力、重新评估行为，并尝试新的方法。即使在最好的情况下，这种改变也只能慢慢来。

其他所有拖累我们但却不断重复的个人特征和习惯模式也是如此：冲动、享乐、自恋、易怒，以及控制欲。如果认为这些特征可以在一夜之间改变，或者在我们意识到它们的时候就能改变，那你就是低估了习惯根深蒂固的力量，以及没有意识到我们将新知识

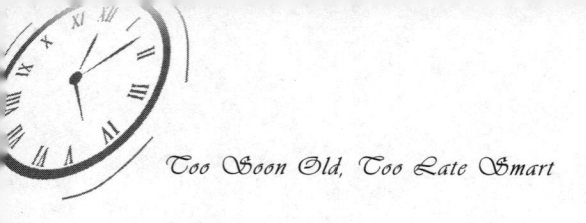

转化为行为的进程有多么缓慢。

让我们想想那些瞬间改变生活的事件，几乎都是糟糕的：半夜来电、意外事故、被炒鱿鱼、失恋、医生小心翼翼的谈话。事实上，除了最后一秒比赛逆转、意外继承、中彩票，或者上帝的眷顾，很难想象生活中能有什么突发的好消息。几乎生活中所有的幸福都需要时间来培育，往往需要长期地积累：学习新事物、改变旧行为、建立令人满意的关系、抚养孩子。这就是为什么**耐心和决心是人类最重要的美德**。

在一个以消费为基础的社会里，即时满足的观念无处不在。广告不断地给我们洗脑，暗示我们可以通过拥有物质来获得幸福。有魅力的人可以有很多朋友，参考他们的生活方式，只有我们买了合适的车、合适的房子、合适的酒，我们才能融入这个圈子。这些广告的一个作用是让我们对自己所拥有的东西和自己的外表感到不满。另一个作用是暗示我们有一种

15. 坏事来得快

快速解决不满情绪的方法——花钱。几乎所有人都负债，这有什么好奇怪的？

另一个被大肆宣传的是各种各样针对现代特有问题的治疗方法。例如，任何一个经常看电视的人都会认为我们正处于抑郁症、过敏、关节炎和胃食管反流病的流行之中。每一个喷嚏、每一种疼痛都可以通过服用一粒药丸而轻松治愈。

也许是因为汽车、飞机或电话的发明，**我们逐渐变成了没有耐心的人**，期望所有困难都能被迅速解决。我们对技术解决方案的偏爱，显然成功地控制了我们的物质世界，但当其被应用到其他地方时，却产生了一些不幸的后果。举一个20世纪60年代的例子，当约翰·肯尼迪[①]点燃了将我们送上月球的火箭时，他也开始让我们卷入了20世纪美国在心灵、思

[①] 约翰·肯尼迪（John Kennedy），爱尔兰裔美国政治家，第35任美国总统。

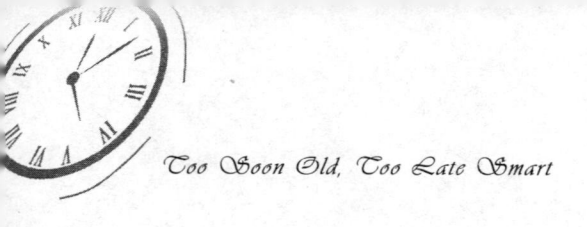

想和技术方面的溃败事件——越南战争。

尽管如此,我们仍然被鼓励相信,我们生活在一个可以通过合理饮食、锻炼、明智地使用肉毒杆菌毒素和整形手术来显著延缓衰老的现实中。现代人对青春之泉的渴求表明他们不接受人类共同的命运。在逐步试图消除人定会死亡的证据方面,人们带有一种绝望的、超现实主义的色彩。(有人观察到,随着所谓的健康生活方式的出现,很快医院里就会满是等死的老人。)

我们之所以为人,其中一个原因就是我们有能力思考未来。如果想优雅地或坦然地接受时光飞逝带来的沉重压力,我们就必须接受生活带给我们的损失,其中最主要的就是年华逝去。如果随着年龄的增长,我们逐渐感到自己的价值被贬低了,从而罔顾多年丰富经验带来的知识积累,只是拼命努力地让自己看起来更年轻,那么我们的生活就会变成一段沮丧之旅。

15. 坏事来得快

众所周知，我们的注意力只能持续很短的时间，物转星移，人类的记忆力是有限的，只能关注前景。我们往往只关注为数不多的几个年轻、漂亮、富有的人，他们充斥在我们的一本杂志《人物》上，这本杂志的名字很贴切。如果他们是人物，那么我们其他人又是什么呢？在一个充斥着名利的世界里，无论这些名利是靠努力得来的还是不劳而获的，默默无闻意味着什么呢？只要我们用自己拥有的东西和外表来衡量他人和自己，生活就不可避免地令人沮丧，充斥着贪婪、嫉妒和活成别人的渴望。

建设的过程，从来都比毁灭的过程更缓慢、更复杂。我曾经当过兵，让我放弃从军的原因并不是我不喜欢炸东西。事实上，是我害怕自己太享受了。我逐渐意识到并被冒犯到的是，**跟保护生命相比，杀人是一项如此简单的工作。**我们共同的未来将由夺人性命者与和平缔造者之间的斗争来决定。人们总能为杀戮

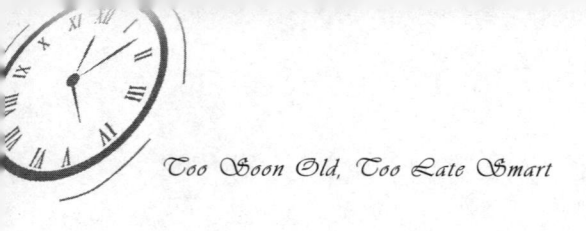

找到理由，这经常是宗教方面的借口。然而，与生活中的其他事情一样，**定义我们的是行为，而不是我们用作理由的借口。**

唾手可得和努力付出之间的紧张关系在我们的日常生活中得到了解决。如果我们相信天上会掉馅饼，那么我们就不大可能去追求更困难、更不容易得到即时满足的工作，从而很难成为我们想成为的人。

所以，这就是时间、耐心和反思在我们生活中扮演的角色。如果我们相信建设比毁灭好、相信自己和他人的生命都很重要、相信自己的存在而不是他人的评判，那么我们的意识可能有机会慢慢地在生与死这两个伟大静默之间找到一种令人满意的存在方式。

16. 彷徨的人并不一定迷路

美国人办事不会拐弯儿,我们的眼里只有明确的目标,以及通往目标最直接的路径。国家的教育系统引导我们走上这种按部就班的旅程。我们要遵守的规则很明确,包括服从权威、努力工作和团队合作。这种做法在教育结构的范围内被鼓励,我们只能因循守旧,等多年媳妇熬成婆以后,才能教导别人该做什么。

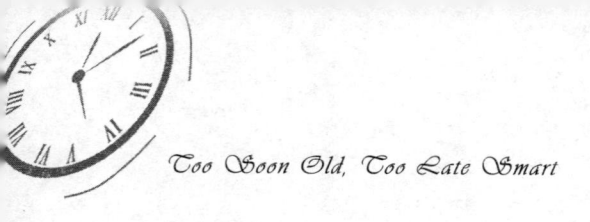

在定义我们的所有因素中，教育似乎是与成功最密切相关的。因此，我们在童年被督促好好学习，并把历次的毕业看作是迈向舒适生活的必要步骤也就不足为奇了。这个过程中隐含着一种承诺：只要听从指示、取悦他人、遵守规则，幸福就会眷顾你。

我和很多人交谈过，特别是中年男性，他们觉得自己和这个社会达成的"协议"没有被遵守。通常，他们有稳定的工作，有自己的房子，有老婆和两个左右的孩子，但时常感到失落。他们渴望得到的东西现在看来都成了负担。他们一心想着自己可能错过的东西。

性生活是这种线性的、以目标为导向的生活中经常被忽视的事情之一。在沉迷于性的文化中，几乎没有人觉得自己得到了自己想要的。这对于那些被社会化的、跪倒在石榴裙下的男性来说尤其重要，他们的自我意识与性满足感密切相关。否则如何解释男人到了一定岁数就会通过找外遇、买跑车来显示自己的身份呢？这些男人经常挂在嘴边的是压抑的青春期、早婚、不满意的工作，以及对刺激的渴望。

20世纪六七十年代曾有过一段时期，美国年轻人的青春叛逆以"退学"的形式出现。他们看到世界充斥着父母那辈人对物质主义的追求、看到在越南发生的拙劣战争，这让他们感到幻灭，从而拒绝追求传统意义上的成功之路。这种"反主流文化"让老一辈人既讨厌又害怕，他们无法理解年轻人听的音乐，他们谴责吸食毒品以及随意的性行为，但同时又对此羡慕嫉妒恨。

事实上，这些叛逆的年轻人大多数都像他们的父母一样长大，成为白领人士，当然也学到一些东西。他们用追求享乐的离经叛道给我们上了很好的一课。很久以前，斯蒂芬·文森特·贝尼特[①]就这样说过："金钱沉闷，智慧狡诈，唯有青春如吹花，无问西东。"

---

① 斯蒂芬·文森特·贝尼特（Stephen Vincent Benet），美国诗人、小说家、短篇小说家。

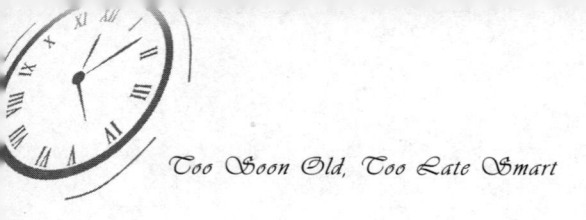

即使是现在，仍有一批具有冒险精神的年轻人，他们愿意走下教育的列车，去见识世界，加入军队或和平组织，或者以课堂上无法提供的方式进行自我教育。在以后的生活中，职业的改变、婚姻的不幸、精神上的探索——所有这些都可能以"彷徨"的形式出现，它们似乎脱离了常态，但却在寻找幸福和意义的斗争中拥有冒险的勇气。在 20 世纪 60 年代，这被称为"试图找到自己"。

一位爱开玩笑的家长表示，在一次特别漫长的自我寻找的过程中，他的孩子应该能找到好几个自己了。

虽然两点之间直线距离最短，但生活总能打破几何学，常常是落拓不羁和离经叛道决定了我们的人生。 我们最重要的探索并没有地图指引，我们必须依靠希望、机遇、直觉，且愿意接纳意外的来临。

17. 单相思，痛苦且不浪漫

从根本上讲，单相思是对我们无法拥有的东西的一种渴望。我们中间谁没有尝过它的苦痛呢？童年和青少年时期得不到回报的迷恋演变成成年后寻找完美伴侣的执着。我们寻找的是一个想象中的能让我们完整、肯定我们价值的人，那个人的爱能在我们年老时温暖我们。可惜，这只是一个幻想，几乎无法实现。

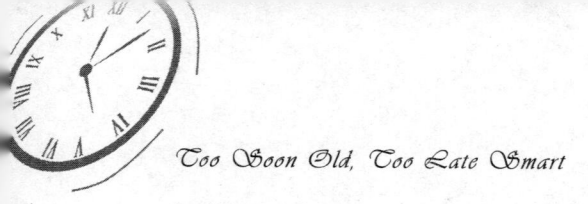

我们寻求模范父母给予的无条件的认可,以得到终极的情感安全。如果小时候得到过这样的东西,我们就会想再得到一次;如果像大多数人一样,我们没有得到它,那么我们仍然希望它能作为一个盾牌,在这个充满不确定性且常常表现得冷漠的世界里保护自己。我们太希望被接纳了,以至于会把对爱的需要投射到另一个人身上,却忽略了不会得到回报的事实。

更可悲的是,这些感觉甚至被指向我们不认识的人。偶像明星经常因为他们的外表或他们扮演的角色,成为人们崇拜的对象。明星们的隐私常常被狂热的崇拜者侵犯,因为他们相信,只要有机会,他们就有可能得到对等的感情。有时,这些沮丧的情绪会转化成不同的东西。约翰·辛克利[1]对朱迪·福斯特的

---

[1] 约翰·辛克利(John Hinckley),美国男子,因在1981年对里根总统实施刺杀活动而被捕,他在审讯中表示刺杀总统只是为了引起好莱坞女星朱迪·福斯特的注意。

17. 单相思，痛苦且不浪漫

痴迷让我们所有人都领教了单相思的力量。

浪漫的爱情和迷恋之间的界限往往很模糊，**关键的区别在于，迷恋的执念往往只单独存在于一个人身上**。执念是妄想的近亲，妄想是一种错误的信念，是精神错乱的主要症状。爱和它的区别在于，无论是否得到回报，爱只是**一种倾慕的形式**，与令人深信自己被跟踪或迫害不一样。后者是一种毫无吸引力、**以自我为中心**的执念，而苦苦思恋某个人则有一种梦幻的、理想主义的色彩，吸引着我们抱有一丝希望。

与跟踪狂的危险执念相比，更甚的是"永不结束的爱"。这种感情经常在受虐女性的身上表现出来，对她们来说，一段已经**终结**的关系仍然是无休止的思考和谈话的主题。我听过很多这样的故事："他伤害了我，他离开了我，但我仍然爱着他。"她们这样说仿佛是在宣称自己忠贞不渝的高贵，否则就会被误认为是毫无吸引力的受虐狂。

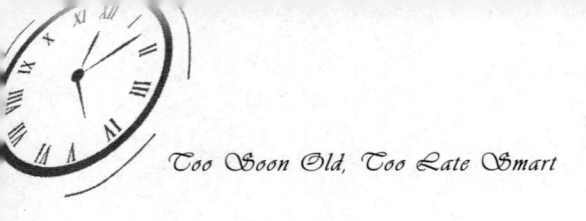

"一见钟情"是另一种正流行的盲目幻想，很容易令人失望。它是一种突如其来的感情波动和强大的精神吸引。这让先建立友情，然后发展到激动人心的关系的过程相形见绌。后者需要时间、专注和某种程度的理性思考。我们可能还会体验到一种无法用共同兴趣和性吸引来解释的情感，虽然这一切令人眼花缭乱，但它并不意味着"坠入爱河"，而更像是在黑暗中跳下悬崖。

爱情之所以有力量，是因为它可以被分享。 当我们独自一人时，我们所拥有的感觉可能是强烈的，就像任何形式的孤独一样，但它不太可能持续下去，且不可能发展出任何其他有用的行为，别人对它也没什么兴趣。

18. 最常见且毫无意义的就是做同样的事情却期待不同的结果

人非圣贤,孰能无过?这也是试错学习的重要组成部分。有些错误确实无法挽回,但令人沮丧的是人总会反复犯同样的错误。在这个问题上,人们在选择亲密对象时表现得尤为明显。有人认为,二次婚姻代表着希望战胜了经验,会本能地期待在第一次婚姻中得到的教训能够让第二次婚姻的选择更加明智。呜

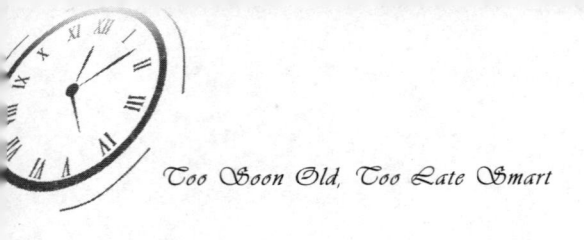

呼，跟我们年轻时急于开始的头婚相比，后面婚姻的失败率甚至超过了50%。

这些数字背后的现实是，40岁的我们和20岁的我们，在思想上和行为上往往没什么不同。当然，这并不意味着我们在这期间什么都没学到。事实上，大多数人在这段时间内完成了学业，并在职场上小有成就。我们只是不明白自己是谁以及为什么会选这样的人。

学习的过程与其说是积累答案，不如说是弄清楚如何提出正确的问题。 这就是为什么心理治疗总是采取问答的形式。它并不像许多人认为的那样，是治疗师为了把来访者引向一个已知的方向而耍的把戏。它代表着一种共同的探索，一种对思想、行为的动机和模式的探究。好的治疗总是试图把过去的影响和现在的诉求联系起来，以帮助我们分析想要什么以及最佳的获取方式是什么。

18. 最常见且毫无意义的就是做同样的事情却期待不同的结果

在很大程度上，人类的行为是由我们意识不到的意图所驱动的。因为我们喜欢以理性自居，做事总是事出有因。但不得不承认，我们的许多习惯性行为是由我们模糊的需求、欲望和经验所决定的，而它们皆与我们过去的经验有关，特别是童年经验。

例如，"遗忘"这个行为往往可以理解为我们对不在意事件的无意识反应。为什么牙医办公室会例行公事地给病人打电话来提醒他们所预约的时间？那是因为看牙对我们大多数人来说都是一种不愉快的经历，所以，人们"忘记"预约是很常见的。当我们忘记其他事情，如生日、纪念日、名字和承诺时，我们可能会察觉到一些很难公开承认的潜在态度。

我们选择与之相处的人也是如此。**几乎人类的每一个行为都在某种程度上表达了我们对自己的看法。**很少有行为是与自尊无关的。我经常给病人建议，在做重要的人生决策时可以问自己如下问题：这会让我

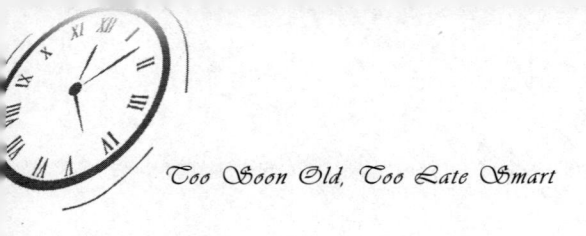

对自己有什么感觉？特别是，和这个人在一起会让我有什么感觉？我们能不能和杰克·尼科尔森①在《尽善尽美》里扮演的角色一样说出"你让我想成为一个更好的人"？

我们反复犯的错误在家庭剧里表现得最为明显，这种桥段一遍又一遍地上演，可见经过了长时间的排练。当有人描述了一段熟悉的婚姻冲突时，我最常问的问题是："如果你说了那样的话，你认为谈话会向什么方向发展呢？"追根溯源，人们总能在争端中发现一些指手画脚、批评、公然侮辱，以及对方充满敌意的反击。例如，一位病人最近称，他对妻子一大早抱怨的反应是："别发牢骚了！"不出所料，从那以后，他们的日子就每况愈下。当你想知道一个人为什么非要说出一些导致冲突的话时，对方往往会带着防

---

① 杰克·尼科尔森（Jack Nicholson），美国著名演员、导演、制片人、编剧。

御性或报复性的语气说道:"我难道没有权利为自己辩护吗?"

令人惊讶的是,随着时间的推移,生活中最亲密的关系往往会陷入权力斗争,爱人成了亲密的敌人,同甘共苦变成针锋相对。其中的利害关系似乎都关乎自尊,而自尊又不知何故受到了最了解我们的人的威胁。谁会愿意过这样的生活:在一种高度警觉的状态下,为了自己都稀里糊涂的利害关系而争斗不休。

婚姻冲突的根源往往是这些贬损人的指责,然而,当人们被要求停止发表贬低性的评论时,**他们把改变的责任推给了"对方"**。这在某种程度上让人联想到国际冲突,每一方都希望和平,但没有人愿意第一个停止报复,担心这样做只会让自己看起来更脆弱。

这种**怀疑的核心是不信任**,很多人际关系都是如此。在这种情况下,我的观点通常是:"你试试又

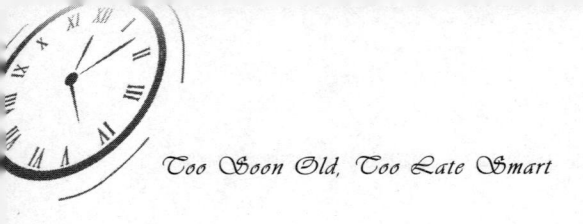

有什么损失呢？"而他们的回答往往是："我要试多久？"一个更好的问题可能是："我为什么要和一个我不信任的人住在一起？"但这个问题很少被问到，因为它会引出人们在不愉快关系中苟且的所有原因：金钱、对孩子的担忧、害怕孤独，以及简单的懒惰。

可悲的是，**大多数人对幸福的期望值都很低**。他们认为幸福是天方夜谭，就像圣诞老人或牙仙一样，神话已经被现实的生活所磨灭。他们把任何持久的幸福快乐都看成娱乐圈提出的浪漫幻想，就像百万豪宅或私人飞机一样与自己无关。**这种幻灭感是改变的主要障碍**，因为不能指望人们为了追求他们认为的镜花水月而承担情感风险。

鼓励人们改变是一种共同的希望。我们大多数人，不论生活态度有多愤世嫉俗，都希望我们的孩子过得比自己更好。我经常用这种愿望促使人们尝试新事物。我采用了这样一种理念，即**孩子们对生活的大**

部分了解都来自父母的言传身教。我经常用它来说服人们努力尝试为孩子树立善良、宽容和解决冲突的榜样。

这就是**重复性行为会导致可预测的结果**的概念。大多数人对实验方法和因果关系足够熟悉，很容易理解这一点，即如果他们过去的所作所为产生了令人不满意的结果，那么一种新的方法可能更值得尝试。我用实用主义而不是理论的术语来阐述这一论点："我没有适用于每一种关系的标准答案。我相信行之有效的方法。**既然你现在做的不管用，那么为什么不试试其他方法呢？**"

19. 逃避真理是徒劳的

我 34 岁的时候,接受了精神分析治疗,这是我作为住院医生接受培训的一部分。

有一天,我的精神分析师告诉我,我是被收养的。当时,我躺在沙发上,正在"自由联想"我最近参加的一个会议,一群成年被收养者在会上谈论着寻找他们的亲生父母。我的精神分析师问我,如果我处

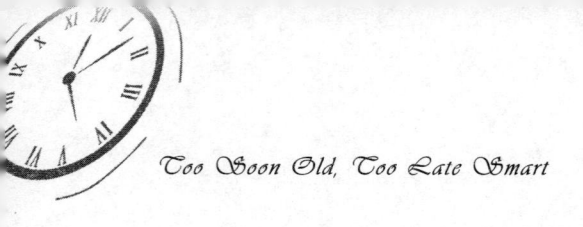

在他们的位置,我会怎么做,我回答说,我肯定会去寻找。

然后他说:"那你开始找吧。"

"你在说什么?我是被领养的?"

"是的。"

"你怎么知道?"

他之所以知道,是因为我分居妻子的心理医生在一次聚会上问他:"利文斯顿医生知道他是被收养的吗?"这个违反治疗师伦理的行为令人震惊。

我的精神分析师回答说:"他没提过。"

原来,我妻子几年前就通过家里的朋友听说了这个消息,但她认为是否告诉我应该由我父母决定。她询问过我父母的意见,他们拒绝了。于是,她告诉了自己的心理医生,那个心理医生又告诉了我的精神分析师。后者在对我的精神分析中谈到这件事,我永远感激他有勇气这么做。

19. 逃避真理是徒劳的

当时，这个信息令我很不安。我的父母从未提起过它。我有时会想，为什么我的父亲，一个狂热的摄影师，从来没有给 1 岁前的我拍过照片。我也想知道为什么我出生在孟菲斯，而他们当时住在芝加哥。我父亲为政府工作，他向我解释说，他们当时在田纳西州执行临时任务。我的出生证明上明明写着我是他们的孩子，显然，这是一个谎言。

在我得知自己被收养后不久，母亲就去世了。我和父亲的谈话很艰难。我时而对他的欺骗感到愤怒，时而又理解他的恐惧——如果我知道了，我可能就不是"他的儿子"了。说实话，我对去寻找亲生父母感到有些兴奋，同时也因为我没有在基因上注定和父亲一样而松了一口气。我感到自由、好奇，还有点失重的感觉。我的父亲几乎不太记得收养的细节，并发誓说他从来不知道我的真实姓名，后来我发现这也是假的。

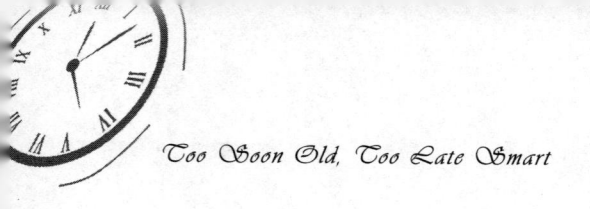

我去了孟菲斯,请了一位律师,他在当地用了点手段,获得了多年前法院封存的我的收养记录。我出生时的名字是大卫·阿尔弗雷德·福克,我生母的名字是露丝。原来,我落在了"田纳西州儿童之家"的手里,这是一个臭名昭著的贩婴团伙。一个腐败的法官提供了法庭签发的让渡许可,以至于这个团伙可以把孩子贩卖给全国各地的富裕家庭。我打电话给父亲,问他为我付了多少钱。很多人都想知道他们被卖了多少钱。我很快知道了自己的价格——500美元。

律师让我把调查的事交给他:"你不知道你会发现些什么,有些婴儿甚至是国家精神病院的病人生的。"我觉得我能搞定我发现的任何事或任何人。我也确信,知道总比不知道好。

我找到的第一条线索是收养我至1岁的寄养家庭。当我开始给孟菲斯电话簿上的人打电话时,我所知道的只有一个姓氏。大约在打第十个电话时,我照

19. 逃避真理是徒劳的

例向对方解释自己是谁，然后我听到电话那头的人对某个人说："嘿，妈，是博。"这家的女主人是位80多岁的老太太，当我去拜访时，她拿出了一张在摄影棚拍的6个月大婴儿的照片。她的丈夫经营着一家加油站。她的孩子们都没有上过大学。我试着想象自己现在操着一口田纳西口音，穿着一件修理工的制服，上面贴着"博"的名牌的样子。他们全家人聚在一起欢迎我并告诉我，我的生母是密西西比州维克斯堡人，正是她把我丢给了他们。

我开始给维克斯堡电话簿上叫福克的人打电话，很快就和我生母的姐姐联系上了。这次，我称我是她一个朋友的儿子，并问她露丝在哪里。对方说她住在亚特兰大，在一家出版社工作。

我去了那里，给露丝打了电话。我告诉她我是谁，说想见见她。

当公寓的门打开时，我看到一个长得跟我很像的

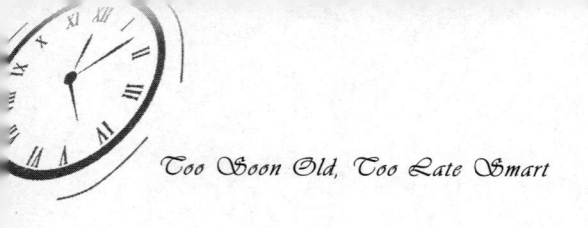

人。她问:"你怎么用了这么久才找过来?"

她曾是一名教师,出生在一个宗教家庭,未婚先孕,那个男人不愿娶她,但愿意资助她非法堕胎。她拒绝了,孤身去孟菲斯生下了孩子,然后把我留在那里。她说,她本是打算回来接我的。但当她有能力打电话给中介机构时,已经太迟了。她从未结婚,"觉得自己没有资格"。她曾在一所小学任教,每年都按照我的年龄换年级教。她永远不会原谅自己"辜负了当下"。听到我的状况很好,她松了一口气。我感谢她给了我生命。

当然,我对我的生父也很好奇。露丝告诉了我他的名字。他几年前去世了,留下了一个女儿。我打听到了她的下落,给她打了个电话,心想我这个独生子,终于有了一个同父异母的妹妹。她很高兴接到我的来电,更巧合的是,她也是被收养的,现在正在考虑寻找自己的亲生母亲。

19. 逃避真理是徒劳的

作为同一个父亲的两个孩子,我们有关系吗?无法和妻子生育自己的孩子,却秘密地拥有一个漂泊在外的儿子,他心里该是怎么想的?

他女儿给我发了一张照片。这是我唯一拥有的关于他的东西。我见过在战斗中失去父母的孤儿,知道他们看到不记得或从未谋面的父亲照片时的感受。

我想,我在他的眼中看到了悲伤。要是我能和他说说话就好了,和他待一会儿,告诉他一切都很好,他激情的错误带来了一些美好的东西。**如果我不能爱他,那么我希望能带给他平静。**

20. 欺骗自己是个坏主意

真实是一种弥足珍贵的理想。虽然我们在日常生活中需要扮演各种各样的角色,但我们希望看到自己有一个相对稳定的身份,不论何时,它都能表达我们的价值观。大多数人都非常在乎那些他们尊重的人对自己的看法。

在人类的品德中,没有什么比虚伪更令人鄙视。

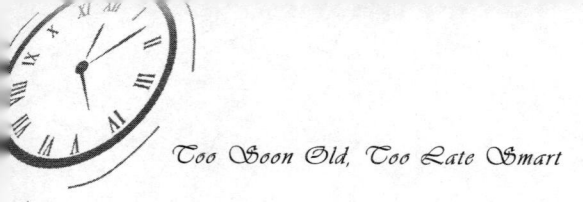

我们嘲笑那些行为与自己宣扬的信仰不一致的人。大多数娱乐我们的丑闻都基于言语和行为的脱节：通奸的传教士、满嘴谎言的政治家、滥用毒品的卫道士、有恋童癖的牧师。我们愤怒却沉湎其中，同时也为我们的言行不一感到愧疚——如果人们知道的话，会做何感想？

比掩盖令人尴尬的道德瑕疵更糟糕的，是那些允许我们继续腐蚀自我的借口。我们习惯性地援引意外、巧合和健忘等理论为我们不愿仔细审视的行为开脱。例如，发现出轨通常是由于夫妻一方在电脑上看到了另一方的电子邮件。（这是把日记放在别人看得到的地方的引申版。）

否认是人们欺骗自己的另一种方式。那些上瘾的人通常会断然声称自己没有问题，可以随时戒掉。但当生活开始灾难性地变坏时，他们被狠狠地打脸：酒后驾车、婚姻破裂、失业。我经常告诉这样的人，他

20. 欺骗自己是个坏主意

们可能觉得有必要对别人撒谎,这是可以理解的;但对自己撒谎会让他们完全无法做出必要的改变。

我认识一个男人,他经常在激动的梦境中殴打他的妻子,而他并不记得。因为这是"意外",所以他从来没有因此反思他们夫妻关系的本质。更容易被忽视的是,数以百万计的夫妻因为对方的鼾声过大而分房睡。当然,没有人会责怪这种"表面上"无意识的行为。

在对我们自己说的谎言中最具破坏性的莫过于承诺。"**承诺只有在给出时最美。**"良好的愿望不仅仅是通往地狱之路的铺路石,它们还会分散我们的注意力,让我们无法完成认真评估我们是谁以及我们真正想要什么的严肃任务。如果我们把时间花在畅想美好或自我提升的理想上,那么,它将会耗尽我们的精力,分散我们对更严肃、更可实现的目标的注意力。

然而,没有人能否认运气在人类生活中所起的作

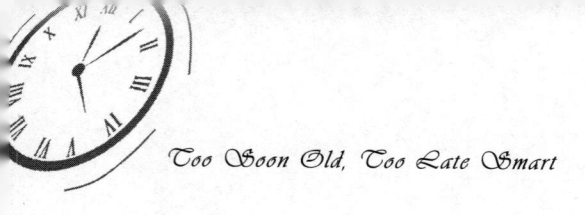

用，把发生在我们身上的大部分事情都归因于运气是一种懒惰的表现。人们又一次不愿为自己负责，宁愿找简单的借口，也不愿做出艰难的自我反省。这是另一种一无是处的自欺欺人。意外当然会发生。如果有人在空地上被闪电击中，这很难责怪他；但如果他是站在视线所及的唯一一棵树下被闪电击中的，那么人们可能会质疑他是否上过初中。

我们每天都能听到"死于愚蠢"的例子。酒驾、与吸烟或肥胖相关的疾病、误射枪支——所有这些都会造成伤害，不断提醒我们是多么脆弱，容易被自己的冲动所伤害。对于这些风险，人们是怎么告诉自己的呢？如果我们是为了他人或理想而冒生命危险，那么，这就是勇敢的行为。但是就像桑丘·潘沙对堂吉诃德说的那样："没有正当理由而死是最大的罪。"

真相可能不会让我们自由，但为了暂时的心里舒服而欺骗自己则愚蠢至极。这样的欺骗似乎是一种善

20. 欺骗自己是个坏主意

意的谎言。即便并没有人上当或被占便宜,基于谎言的人生决定也势必会酿成大错。要看清自己,也许是不可能的;不把事情合理化,这日子就没法过了。当我们梦想中的自己与真实的自我发生碰撞时,认知失调的铿锵声就会蒙蔽我们的视听,让我们又聋又瞎。

21. 完美的，从来都只有陌生人

对生活不满意的因素里最常见的，莫过于我们年轻时形成的错误的择偶观。由此产生的幻想通常以一种形式出现，即在某个地方会有一个他或她带着爱来拯救我们。大多数不幸婚姻的出轨行为，都源于这种幻想。

对 40 岁群体的婚姻出轨率进行的调查表明：

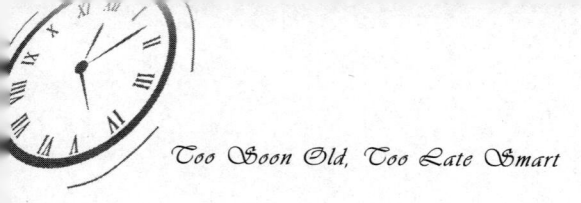

50%—65% 的已婚男性和 35%—45% 的已婚女性有这种情况。在一个以一夫一妻制为主要婚姻价值观的社会中，这些数字不仅表明了高度的虚伪，而且表明了我们对另一半的严重不满。人们在婚姻之外到底想要追求些什么？

人们所寻求的，除了尝鲜之外，就是安心。在某些方面，每一次寻欢作乐都是我们对死亡恐惧的掩饰。随着年龄的增长，我们试图适应对青春和长生不老的徒劳渴望，其中一种反应是寻找那些满足我们自负心的经验，即我们可以保持自己的吸引力。还有什么比与新人发生性关系更好的方法呢？

一个健康的成熟过程可以让我们内化一种信念，即我们是独一无二的、有价值的，它还会给我们一种稳定可靠的自我感觉，但这是一个理想的结果；更多的时候，人们会带着不同程度的绝望，期待有人无条件地爱自己，同时又担心这要求太高了。在大多数婚姻中，我们很少从配偶那里得到这种认可，这种不满难以提及且令人痛苦。

事实上，成年人之间所谓的爱，更像是一种不言而喻的服务契约。从传统上讲，这是一种默认的合作合同，即男人承担经济责任，而女人则负责家务、性生活和照顾孩子。妇女运动导致了对"合同"的重新谈判，其中包括许多妇女提出工作的愿望，以及不愿独自承担抚养孩子和做家务的责任。这些朝着性别平等方向迈出的步伐值得称赞，但其副作用之一是在许多婚姻中加剧了怨恨和竞争感。

没有人愿意放弃权力，这成为女权主义者的信条，它必须被牢牢抓在手里。这种态度并不是增进亲密关系的良方，再加上女性经济独立程度的提高，现在每两段婚姻中就有一段以离婚告终，这或许并非巧合。在某些方面，这种变化似乎是一件好事。人们不愿意被困在不满意的关系中。任何增加我们选择的社

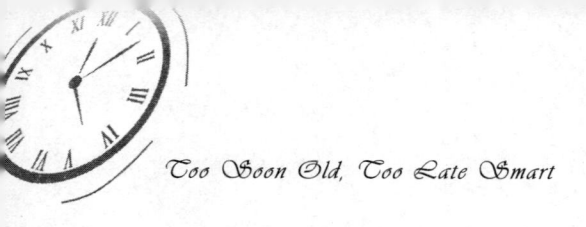

会发展似乎都是一种进步，那么，为什么会有这么一种感觉，就是我们好像失去了一些重要的东西。

首先，这对孩子们造成了伤害。对他们来说，适应父母的分开比生活在不幸的婚姻中更好，这种安慰性的话语更像是成年人追求自己幸福的合理化理由。有充分的证据表明，婚姻的破裂会导致孩子们遭受巨大的不安全感和不幸，这在父母之间有某种程度的怨恨和指责时尤为明显。虽然孩子们有办法应对他们生活中翻天覆地的变化，但这并不能改变他们所经历的创伤和绝望。

鉴于这些后果以及出于经济上的考虑，大多数出轨行为都没有导致马上离婚，但离婚往往是最终结果。在某种程度上，它代表了滥交，在动物中这很常见。另一方面，不忠是人类特有的恐惧和渴望的表达方式。对理想爱情的追求既是幼稚的，也表现出中年人恐惧的现状。爱情往往不能改善我们的生活，甚至常常毁掉我们的生活，但这并不能阻止我们去尝试。

很久以前，琼·贝兹[①]唱过："你跑去寻找完全不认识的人……"这首歌的名字是《悲伤之泉》。

[①] 琼·贝兹（Joan Baez），美国民谣歌手、作曲家。

22. 爱永不消逝,即使是死亡

我是一个失去了两个儿子的父亲。在 13 个月的时间里,我的大儿子死于自杀,小儿子死于白血病。悲伤让我明白了生命的脆弱和死亡的必然。失去生命中最重要的人让我认识到人生的无助、谦卑和生存的压力。在被剥夺了我有可能挽回事态的幻想之后,我迫切地想知道一些问题的答案。我很快意识到最明显

Too Soon Old, Too Late Smart

的问题——为什么是我的儿子？为什么是我？就像事情的发生是不可避免的一样，这些问题显得毫无意义。任何对公平的诉求都是荒谬的。

我的同病相怜者，那些我爱的人，以及那些同样承受着无法挽回的损失的人，引导着我寻找继续生活的理由。像所有哀悼的人一样，我学会了对"结束"这个词的持久仇恨——它的安慰含义是，悲伤是一个有时间限制的过程，我们都会从中恢复。那种认为我可以在以后的某一时刻不再想念我的孩子们的想法令我唾弃，我不予理会。我不得不接受这样的现实：我永远不会是原来的我，我内心的一部分，那最珍贵的一部分，已经被切割下来，和我的儿子们一起埋葬了；还剩下了些什么呢？这是一个值得思考的问题。

格里高利·派克[①]在他儿子去世多年后的一次采

[①] 格利高利·派克（Gregory Peck），美国著名男演员。

22. 爱永不消逝，即使是死亡

访中说："**我不是每天在想念他，而是每时每刻都在想念他。**"随着时间的推移，这些想法的本质发生了变化，从疾病和死亡的撕裂画面变成了对他们生命中所包含的一切的柔软记忆。

悲伤是一个我已经非常了解的话题。实际上，在很长一段时间里，它都是我生活的主题。我为此写了一本书，试图找到解决问题的方法。我学到的是，**你没有办法绕过它，你必须经历它**。在那段旅程中，我经历了绝望，考虑过自杀，也了解到我并不孤单。言语无法安慰我，我开始意识到，这些言语，无论是我自己的还是别人的，都描述了我的情感经历，首先是绝望，然后是一个脆弱的信念，即我的生活仍然有意义。

13年过去了，我的儿子们虽然被留在时光里，但对我来说仍然是鲜活的存在。我在很大程度上原谅了自己没能救回他们，也接受了我的老年岁月里没有他

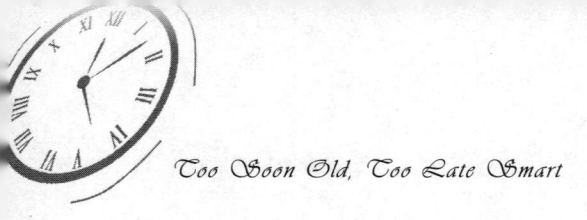

们，他们不会像我曾经自信地认为的那样给我送终。我已经放弃了对有序宇宙和公正上帝的信仰，但我没有放弃对他们的爱，一直都渴望和他们再次相见。

这就是所谓的希望：我们失去的亲人唤起了我们心中未曾经历的爱的感觉。这些永恒的改变是他们留给我们的遗产，是他们送给我们的礼物。我们的任务就是把这种爱传递给那些仍然需要我们的人。这样，我们就能忠于对他们的回忆。

在我女儿的婚礼上，我借用了马克·赫尔普林[1]的一些想法，构思了如下祝酒词：

> 父母和孩子之间的爱在很大程度上取决于原谅。正是我们的不完美标志着我们是人类，我们愿意在家人和自己身上容忍它们，以减轻爱让我

---

[1] 马克·赫尔普林（Mark Helprin），美国小说家、记者、时事评论员。

22. 爱永不消逝，即使是死亡

们变得脆弱的痛苦。在如此快乐的时刻，我们庆祝两个人的奇迹，他们找到了彼此，并将共同创造新的生活。如果爱真的能战胜死亡，那只能通过记忆和奉献的练习，把它们牢记心中……这样，你的心即便碎了也能充满爱，帮你持续战斗至最后。

23. 没人喜欢被说教

这个问题似乎太显而易见，不值一提，然而，看看人们那些亲密的交流里包含了多少忠告和指示。我有时会让倔强孩子的父母记下在他们互动中批评和指示（后者是前者的变体）所占的比例。我已经习惯了听到 80% 到 90% 这样的占比。有时候，父母之间的交流也会出现类似的情况，这并不奇怪。

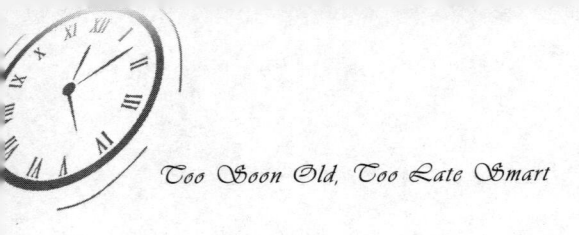

当被告知要做什么的时候，我们会如何反应？对我们大多数人来说，先怨恨进而发展为固执己见是最常见的。无论我们的拒绝是明确的（"不打算做"），还是消极对抗的（"我忘了"），结果总是令双方沮丧。我们都不是听话的人。我们中的大多数都是那些为了追求自由和自决而进行危险航海的人的后代，并愿意为捍卫这些想法而做出巨大牺牲。我们的基因决定了我们势必质疑权威。

尽管如此，我们还是试图告诉彼此该做什么。我们对控制欲的渴望和确定事情就"应该"这样解决的信念，战胜了我们熟知的人类对命令本能反应的常识。对父母来说尤其如此。即使在这个以孩子为中心的社会里，我们也认为自己最知道该如何"引导"孩子，使他们高于平均水平地发挥出作为学生、运动员和其他美国成功人士的潜力。

我经常要求处于冲突中的人们停止批评，看看这是否会改变气氛。令人惊讶的是，这个建议在很多人看来十分过分。他们的想法是："如果我放弃批评和指导周围的人，混乱就会随之而来。家务没人做，盘子会堆起来，房间杂乱不堪，房子会倒，作业会被忽略，学业会不合格。随之而来的，是吸毒、怀孕，以及一生的犯罪。我不能让这种事发生！"这就是所谓的"糟糕至极"（awfulizing），即任何标准或警惕性的放松，都是走向我们所知的失败、堕落和文明崩塌的第一步。

这种对人性本质上悲观的看法，在很大程度上构成了所谓育儿知识的基础。例如，在"可怕的两岁"阶段，婴儿时期强烈的自我中心化意识与父母说"不"的管教需求发生了冲突。由此产生的暴躁脾气被认为是青春期不可避免的自主权斗争的早期预演。父母在讨论这些发展阶段时，会有意识地摇头，这是一种自我实现的方式。和生活中的大多数事情一样，

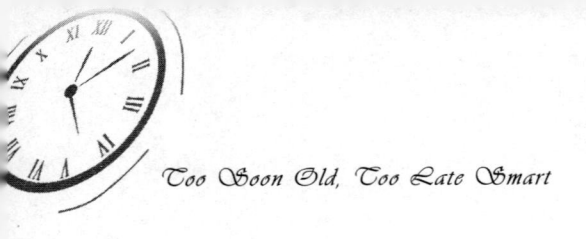

我们的期望一般都会实现。

另一种看待父母和孩子之间产生冲突的方式是，它们是一场长期权力斗争中的小冲突。这种斗争基于一个错误的假设，即父母的首要任务是通过不断教育、设置规则和使用惩罚手段来塑造孩子的行为。虽然这种方法有时会起作用，但更多的时候，它只会培养出对立的孩子，他们长大后会成为对抗型的成年人。

被动抵抗是弱者最后的避难所。正如不能罢工的装配线工人可以磨洋工一样，孩子们由于身体和内心的弱小而无法公开与父母对抗，他们可以通过不听话来表达自己的不满。学习成绩差，没有完成布置的家务，行动极其迟缓，忽视指示——这些都是常见的被动攻击行为，它们会让父母抓狂。家长最常见的反应是坚持说教、指导和惩罚，试图"让这个孩子听话"。

我经常问别人，他们是否真的认为对孩子缺乏理解是问题所在,难道多上一节课就有说服力了吗?还是说,问题在于这种关系的强制性、重复性和批判性。

那些在控制孩子方面有问题的人,在与配偶的互动中也存在类似的困难,这种情况并不少见。这种婚姻的典型特征是争吵、权力斗争,以及双方都觉得自己没有被倾听。我再一次要求人们想象没有批评和指示的情形,而习惯于给配偶列出任务清单的人发现这真的很难("他什么都不记得!")。

因为爱评头论足的人一般都是在充满评判的家庭环境中长大的,他们很难想象另一种互动的方式。要求他们这样做,就是期望他们改变长期存在的习惯。有意识地努力和多一点点善意是必要的。在长期以反对和防御性敌意为特征的关系中,善意往往很难获得。继续做我们习惯的事情总是更容易,即使这显然对我们没有帮助。

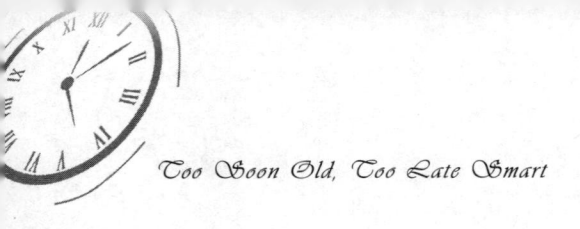

对许多人来说，在生活中不去批评和指导别人的想法是新奇的。如果有人能被说服不这样做，即使是在短时间内，其结果都会让人松一口气。遵守纪律的信念使我们认为人生下来就有灵魂上的污点，我们必须在父母和其他人的帮助下改正，将自己从最卑鄙的冲动中拯救出来。我们顺从这些权威的主要动机是恐惧："罪恶的代价就是死亡。"利害攸关的不仅仅是一个人在尘世中的成败，更体现着他不朽的灵魂。

我们所有人都或多或少地陷入过这样一种幻想：孩子是白纸，父母则负责在上面写下规则。教会他们如何成功面对可能毁灭他们的内在冲动和外部危机是父母的天职。很多父母害怕自己不能胜任这个任务，害怕自己会失败，孩子会迷失。**太多时候，在我们努力成为好老师的过程中，我们传递的全是我们的焦虑、不确定和对失败的恐惧。**

为人父母的重要目标，除了保证孩子的安全和被爱之外，还在于向他们传达这样一种信念：**在一个不确定的世界里，是有可能快乐的，**给他们以希望。当然，要做到这一点，更多的是以身作则，而不是对他们说什么。如果我们能在自己的生活中表现出忠诚、坚定和乐观的品质，那么我们就完成了我们的任务，可以把育儿书籍拿去烧火了。我们不能期望那些经常被批评、欺负和说教的孩子会看好自己的未来。

24. 疾病的最大好处是免于负责

人们带着极大的痛苦走进我的办公室,没有人是过来闲聊天的。心理治疗的费用和情绪障碍带来的耻辱,导致只有痛苦的人才会来寻求帮助。因此,当我问他们,他们的困难是否会带来任何好处时,许多人都感到惊讶。他们太习惯于关注自己的不适、焦虑或抑郁所带来的局促感,以至于从未意识到这可能会给

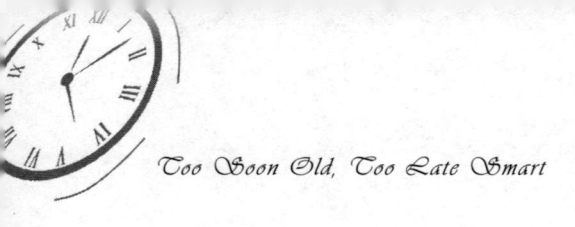

他们带来一些回报。

　　动物心理学的一个基本原则是，任何被强化的行为都会继续下去，没有得到强化的行为就会消失。猴子如果发现能够得到食物奖励，就会长时间地拉动杠杆，即使是给予断断续续、不可预测的间隔奖励，它们也会这样做；如果停止提供食物，随着时间的推移，猴子拉动杠杆的动作也会停止。人也是如此，我们重复做那些可能会产生回报的事情，只是有时候很难辨别这种强化是什么。

　　在生活的所有负担中，对我们自己和所关心的人负责可能是最繁重的。人们忍受着麻木的日常生活、讨厌的工作、不满意的关系，这一切都是为了满足他们对自己的期望。当我们没有其他的解脱方式时，某种形式的疾病或残疾是社会可以接受的少数几个免除责任的方式之一，哪怕只是免除一小会儿。

　　生病时，我们被告知"放轻松"，而不是每天早

24. 疾病的最大好处是免于负责

上起床面对我们厌恶的任务。对一些人来说，被困在义务的跑步机上，功能下降和身体疼痛带来的不便被降低的期望轻松抵消了。

当然，大多数人不会这么想。他们全神贯注于疾病的明显不利之处，憎恨任何间接收益的暗示。然而，人们若是能从工作或其他责任中喘上一口气，这种"生病"的状态就可能会被一直延续下去。

另外，一个人生病的时间越长，疾病就越有可能成为他身份的一部分，也就是我们看待自己的方式。这种发展很危险，因为我们性格中那些被纳入自我意识的部分来自潜意识，是抗拒改变的。治疗师的工作就是让我们认识到这些事情，从而能够理解和应对它们。

精神病学诊断必须是描述性的。我们不知道是什么原因导致人们容易受到极端焦虑的影响。由于这种情况在家族中存在，并对药物有反应，所以我们可以

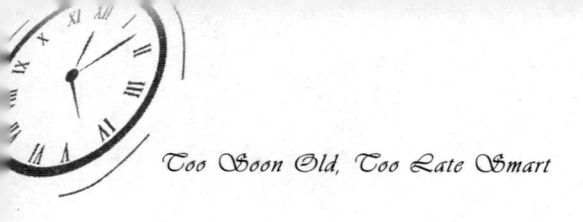

合理地假设它有可能属于生物遗传。毫无疑问，基因研究最终将阐明具体的化学介导机制。但到了那时，我们就会知道为什么兄弟姐妹，甚至是同卵双胞胎在面临这种情况时依然存在差异吗？

这一直是传统医学的失败之处，它促使大多数人产生了一种面对身体上疾病的无助感。这增加了病人对医生的依赖，却降低了病人的责任感。躯体治疗疗效的提升——抗生素，手术，控制糖尿病、高血压和各种激素缺乏等疾病的药物——促使人们认为，痊愈是因治疗而发生的，而不是我们积极努力的结果。这种态度让那些饱受身体疾病折磨的人显得很被动。出于同样的原因，在过去五十年中研发的对治疗焦虑、抑郁和精神疾病有效的药物，使得那些患有这些疾病的人产生了一种期望，即服用一颗药丸就可以减轻他们的痛苦。

虽然药物治疗在许多情绪障碍的治疗中确实赢得

了一席之地，但心理治疗在帮助人们持续改变他们的感觉和行为方面的重要性仍然没有减弱。将良好的意愿转化为行为的改变，这种延伸教育的过程就是治疗。这个事业的本质——**每个人都要对他在永无止境地追求幸福的过程中所做的选择负责**——作为一种变革手段依然有着重要作用。

25. 我们害怕错误的东西

我们生活在一个助长恐惧的社会。广告商的工作就是激起我们的焦虑：我们所拥有的东西、我们外貌的吸引力，以及我们的性能力是否足够。不满意的消费者更倾向于购买。同样，电视新闻的发布者试图用暴力犯罪、自然灾害、恶劣天气和危险环境的故事来吓唬我们（"你的水可以安全饮用吗？详情请关注11点

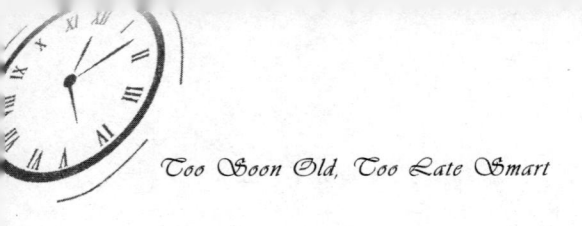

特别栏目。"）。

我们所担心的事情正是定义我们的事件之一。生活中充满了不确定性和随机的灾难。因此，我们很容易为绝大多数的焦虑找到正当理由。人们所携带的恐惧清单很长，种类繁多，这也是信息爆炸的时代导致的。

那些焦虑的人特别容易产生特定的恐惧感，甚至被诊断为恐惧症。想象一下，他们害怕去杂货店、坐电梯、开车、过桥，更别提坐飞机了。每一种都代表着一类常见的恐惧症，一种非理性但又令人失望的恐惧。在某种程度上，他们就像我们其他人的哨兵，只不过我们的恐惧没有那么容易让自己陷入无能为力的境地而已。人们对2001年恐怖袭击的反应就是一个很有启发性的例子，它说明公众的恐惧可能会产生深远的后果。人们大量抛售股票，停止飞行。航空公司被迫破产。接着是炭疽热恐慌，公众开始害怕自己的邮件有毒，防毒面具都卖光了。勇敢者的国度看起来就像焦虑患者的收容所。

2002年，华盛顿特区经历了连续三周随机狙击的考验，人们陷入恐慌，生活发生了改变，学校取消了外出活动，让孩子们待在室内。"哪怕只拯救一个生命，那所有的预防措施也是值得的"成为主旋律。没有人指出，它的逻辑延伸是永远待在家里。

即使在社会安定时期，公众对成为受害者的风险认知也被夸大了。我们武装自己以抵御虚构的入侵者，却忽略了家庭成员最有可能成为家中枪支的受害者。与此同时，我们社会的真正风险——吸烟、暴饮暴食、不系安全带、社会不公，以及我们选出来的人——却几乎没有引起我们的焦虑。

就像恐惧症会分散人们对更根本、更令人不安的恐惧（比如孤独）的注意力一样，也许那些让我们作为一个群体感到恐惧的事情在国家生活中也起着类似

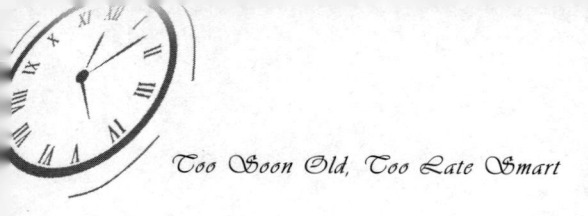

的作用。如果我们把注意力集中在"非典"、疯牛病、杀人蜂或夜间的徘徊者上，我们就不太可能注意到环境恶化或公民自由的丧失，这些问题似乎完全超出了我们个人能力所能影响的范围。即使是战争，似乎对大部分人的焦虑也都没有什么影响，除了那些有家人处于危险之中的人。

人与人的关系以不信任为特征，没有共同的命运意识，也没有共同繁荣的社会理念，我们经常表现得好像生活是一场竞争，只能以牺牲他人为代价来赢得胜利。我们生活在被起诉的恐惧中。在某种程度上，我知道，如果有"不好的结果"，那么我看过的每个病人都是潜在的敌人。对于其他医学专业——产科医生、外科医生或急诊医生——出错的可能性更高，后果也会更严重，医疗事故的赔偿费足以让一些医生离开医学界。

如果改变我们的法律体系，使因他人过失而受伤

25. 我们害怕错误的东西

的人得到的赔偿仅限于经济方面，会发生什么呢？如果觉得有必要惩罚那些有严重过失的公司，这笔钱可以采取罚款的形式，不进入任何个人或其律师的账户，而是成为"不幸基金"的一部分，用来补偿那些由非人为过错导致的苦命人（例如，先天畸形孩子的父母，犯罪或自然灾害的受害者）。当然，这比让福利彩票的少数中奖者发财更公平、更富有同情心。

这样的制度将强化这一信念，即**我们都承担着不可避免的不确定性和风险，这些都是生活的一部分**。它一定会让大家更公平地承认，虽然我们的经济损失可以得到补偿，但**再多的钱也不能（或不应该）弥补我们共同命运中不可预知的痛苦**。

我们被那些没有努力或付出很少努力，甚至没有能力就获得成功的人所暴击：富二代、彩票中奖者、没有天赋的艺人。这自然会导致我们的价值观扭

169

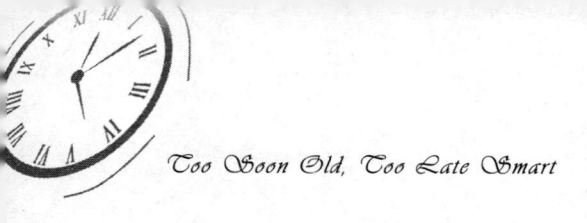

曲。相比之下，我们自己的生活和人际关系似乎平淡无奇。

如果我们的文化偶像有缺陷，我们的政治领导也就不再那么鼓舞人心了。那些被我们选举上台的人所表现出的智慧和道德水平通常并不令人钦佩。事实上，美国的政治制度有时似乎就是为了选择那些自恋和对权力充满渴望的人，而不是关心国民利益的人。

我们并不害怕这些对我们福祉的真正威胁，相反，我们很容易被说服，认为我们最大的危险来自希望我们遭殃的某个国家。我们都太容易被自己的恐惧所左右了，相信用军事手段可以解决人类的问题。就像木匠唯一的工具是锤子一样，每个问题在我们看来都像钉子。

虽然恐惧的经历并不愉快，但如果它能保护我们免受伤害，它就是一种可适应的情绪。然而，要做到

25. 我们害怕错误的东西

这一点，我们必须确定实际的威胁。这需要准确的信息以及把它整合成有用知识的能力。如果我们被那些我们信任的人（美国政府）欺骗了，或者如果信息来源（新闻媒体）令人恐惧，那么我们会花时间担心病毒邮件等远程威胁，而忽视全球变暖等真正的风险也就不足为奇了。

我们的个人生活也是如此。**恐惧和欲望是同一枚硬币的两面。我们所做的很多事情都受到对失败恐惧的驱使。**最主要的例子就是对物质财富的追求。这也是推动我们经济的引擎，让我们持续"得分"领跑全球的方法。但这种努力对我们大多数人来说缺乏**终极意义**，并使我们与真正让我们持续快乐、满足的事情和人渐行渐远。如果没有人的临终遗愿是希望自己在办公室度过大半的时光，那么，它对我们现在重新调整努力方向有什么指导意义呢？

我们的很多行为都是由贪婪和竞争共同驱动的。

171

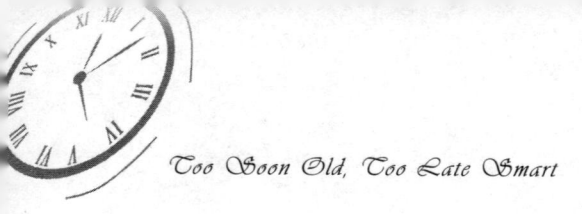

成功的企业家是美国成功故事的典范。唐纳德·特朗普是一个文化偶像。他在商业上的成功，似乎印证了达尔文优胜劣汰的观点。工作的质量或实用性，与它所产生的财富相比，是无关紧要的。

恐惧虽然在短期内有效，但在产生持久的变化方面却毫无用处。把恐惧作为一种激励行为忽略了一个事实，那就是**没有什么欲望比追求幸福和争取自尊更强烈了**。如果能找到办法使人们朝这些方向发展——更好地工作、受教育，改善生活，增加公平性和机遇，那么毒品所提供的诱人而短暂的幻觉就会失去吸引力。惩罚性地强调"供给侧"并没有奏效。通过强调治疗和其他社会选择来减少需求，是赢得这场短暂快乐和持久满足之间的斗争的唯一希望。

令人恐惧的是，我们知道自己很容易受到随机不幸的伤害，我们最终肯定会死亡。如果我们能从某些宗教信仰及其对永生的承诺中获得安慰和意义，那就更好了。但是,即使是怀疑论者也能学会品味我们短暂生命中所包含的快乐时刻。让我们能够做到这一点的不是抗拒,而是**勇气**,还有就是**不愿因为对未来的恐惧或对过去的悔恨而失去当下的快乐**。

26. 父母塑造孩子行为的能力有限，除非是更坏的行为

我女儿上的那所大学，在校报毕业特刊上开了一个版面，专门用来刊登毕业生婴儿时期的照片，并邀请孩子的父母进行简短评论。几乎所有的留言都包含以下内容："我们为你感到骄傲。"在这样的时刻，这似乎是一种很自然的表达，但我的感觉是，在这种骄傲中，有一定程度的自我满足，因为他们认为自己

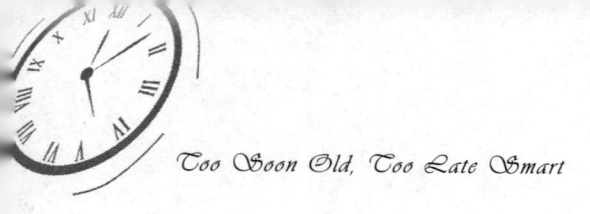

为人父母做得很棒。**我们把孩子自己取得的成就归为己有。**

我对此感到震惊,因为在我的工作中看到了这个问题的另一面:有些父母的孩子表现得并不好,他们服用非法药物、触犯法律,或者在其他方面很失败。这些父母被内疚所困扰("我们做错了什么?")。孩子的挣扎与他们自己的努力相去甚远。你肯定很少看到车的保险杠贴纸上写着"我的孩子正在戒毒"吧。

要我们对孩子的成功和失败负全部责任,或者主要责任,这简直不可思议。很明显,在身体上、心理上或性方面虐待孩子的父母会给孩子造成严重而持久的伤害。然而,对于履行了爱孩子的首要义务,并为他们的成长提供了稳定的养育环境的父母来说,并不能将孩子通过努力所获得的成就归为己有。

作为一个人,**孩子的成功或失败主要取决于他们对生活所做的决定,不管这些决定是好的还是坏的。**

父母可以试着把他们认为重要的价值观和行为方式教给孩子们，但真正能向孩子传递我们核心信念的，正是我们作为成年人的**言行举止**。是否将这些价值观融入生活中是孩子**自己的选择**。

孩子们对虚伪有敏锐的嗅觉。《麦田里的守望者》在青少年中经久不衰的人气就证明了这一点。如果我们的言行之间存在重大矛盾，我们的孩子就很可能会关注到这些并愤世嫉俗，但作为独立的人，他们对如何将童年时看到或学到的东西融入自己的生活负有最终责任。

焦虑是会传染的。孩子们能从父母身上感受到焦虑并受到它的影响，这种情况在孩子还不会说话时就开始了。对于大多数初为父母的人来说，把孩子带进他们生活的过程是复杂的，充满了不确定性。他们很难适应生理方面的需求，尤其是睡眠方式的改变。担心自己是否"做对了"是很自然的事情。各种信息和

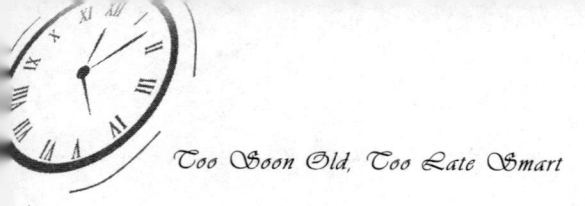

建议的质量参差不齐，自己父母的建议可能有用也可能没用，很多育儿书籍里经常给出相互矛盾的建议（例如，关于"当孩子哭的时候要不要把他抱起来"的持久争论）。

专家之间的主要分歧之一是"纪律"这个主题，而且，就像大多数核心信念一样，它具有社会性。保守的观点是假设孩子本质上是以自我为中心的，需要通过设定严格的限制，并伴随着对违规行为的惩罚来进行"社会化"训练。他们的信念是，养育孩子是父母必须赢得的一系列权力斗争，利用自己更强大的心理和身体来确保胜利是合情合理的。

很多建议都围绕着如何教孩子有礼貌和听话，以及抑制孩子因粗心大意和不负责任地追求快乐而破坏家庭的自然倾向。当然，这样的观点是宗教激进主义概念的一种表达，即人类是罪恶的，只有通过严格强加的禁忌规则（"汝不可……"）才能约束。

26. 父母塑造孩子行为的能力有限，除非是更坏的行为

另一种选择（还有很多选择）是，父母可以采用一种不那么死板、更乐观的假设，即只要给予爱和支持，大多数孩子都会成长为快乐、卓有成绩的成年人，而不依赖于他们从小受到的任何养育理论。这种更宽松的方法试图对孩子的行为设定合理的限制，更不容易引发对抗和怨恨。上述方法本着这样一种精神：**育儿的成功并不取决于父母绝对正确或通晓一切。**殴打孩子绝不可取，因为恐惧和暴力就是通过体罚教给孩子的。

这些年来，我观察到的一件重要的事情是，孩子可以在从专制到放任的各种管教制度下茁壮地成长，重要的是他们能**感受到爱和尊重**。对父母来说，建立规则很重要，尤其是关于安全和攻击性的问题。与此同时，家庭内部的大部分令人抓狂的斗争，榨干了所有人的幸福，导致了毁灭性的结果，这一切都来自父母对控制的强迫性需求，以及一种焦虑感，即他们的

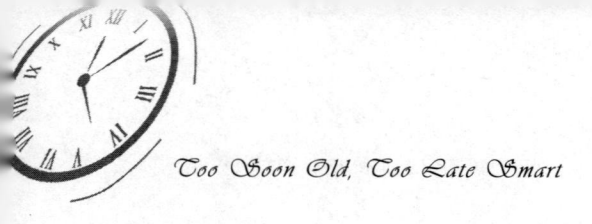

教导是阻挡孩子犯罪的唯一屏障。当父母专注于食物浪费和房间清洁等无关紧要的问题时,势必会引发无休止的冲突。

在机场待过的人都知道父母过分纵容不守规矩的孩子所带来的痛苦。问题是如何培养对他人权利的适当尊重,而不使用高压权威这种毫无意义的形式,以免最终引起怨恨和消极抵抗。

就像生活中的许多事情一样,极端事件存在危险。事实上,独裁或纵容更像是各自封闭的圈子,在父母严格控制的家庭中长大的孩子通常也会采取高压政策,他们的内化限制很匮乏,因为他们只受到过严格的外部管制。相反,在约束很少的家庭中,孩子没有办法学习到那些与他人舒适相处所必需的准则。

作为父母,除了照顾孩子们日常的身心健康之外,我们的首要任务是向他们传达这样一种观念:**这个世界并不完美,但我们依然可以感受到快乐。**我们

26. 父母塑造孩子行为的能力有限，除非是更坏的行为

只有以身作则才能做到这一点。我们的**身教远大于言传**。

所以，当父母们确信自己在塑造孩子的未来中扮演着至关重要的角色时，他们会问我："我能做些什么来确保这个孩子成长得很好呢？"他们往往会对我的回答感到惊讶——"没什么，但**减少争吵、不试图控制孩子的决定，可能会让每个人都更快乐。**"

一个生动的例子可以说明父母是如何把最糟糕的恐惧强加给孩子的，那就是围绕着陌生人绑架问题的歇斯底里。尽管在美国每年被陌生人绑架的儿童不到 200 名，但每当当地商场举办"儿童安全"活动时，围绕这一主题的宣传就会吸引大批家长前来。通常这需要对孩子进行指纹采样和拍照之类的，如果孩子们问为什么要这样做，父母都很难诚实回答——这样，如果你被绑架了，我们就能认出你的尸体。难道我们以为孩子感觉不到我们的恐惧吗？与此同时，美国每

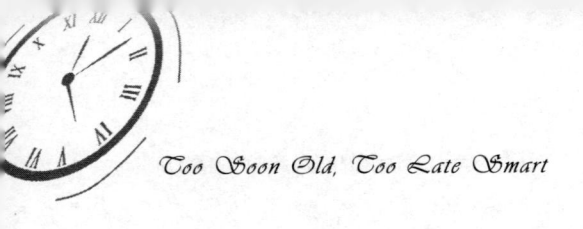

年有 3400 名儿童死于机动车事故，3000 多名儿童死于枪击。

遇到一个悲观的年轻人是非常令人沮丧的。他们在很小的时候就断定生活不会有变好的希望。他们是从哪里学来的呢？反正不是从报纸上学到的。

当人们想要为自己愤世嫉俗的观点辩护时，他们总是言之凿凿。当审视我们的生活或周围的世界时，我们不难找到支持这种观点的证据，即事情正变得一团糟。坏消息本身就比好消息更有趣，所以我们每天都被悲剧、混乱和各种堕落的故事所淹没。令人惊讶的是，竟然不是所有的人都被诊断为抑郁症（实际上，我们中有 15% 到 20% 的人患有抑郁症）。

在这样的世界里，人怎么能快乐呢？应用积极的心理防御机制是有帮助的，而真正的秘诀是选择性地关注。如果我们选择把我们的意识和精力集中在那些能给我们带来快乐和满足的人和事上，我们就有很有

26. 父母塑造孩子行为的能力有限，除非是更坏的行为

可能在这个充满不快乐的世界里获得快乐。这才是人类生存的真正奇迹，以及人类勇气的终极呈现。我们可以让自己享受生活，即使是暂时的，即使我们周围充满着人生苦短和天灾人祸的例子。

我们能够做到这一点，让彼此都快乐，这是我们能为我们的孩子做的最有用的事，当然，再加上点幽默感就更好了。

27. 已经失去的才是真正的天堂

怀念理想化的过去是很常见的,而且通常是无害的。然而,记忆会扭曲我们接受现实的努力。当人们若有所思地谈论过去的事情时,几乎总是与现在正在发生的事情进行对比,这反映出一种人们对未来的悲观态度。

在我们的记忆里,东西没那么贵,犯罪案也没那

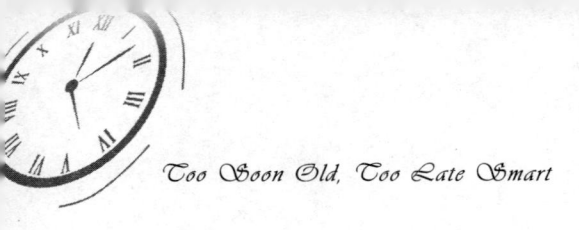

么多，人们更友好守信，关系更持久，家人更亲密，孩子更懂得彼此尊重，连音乐也更好听。我的父母经历过经济大萧条，在一次银行倒闭中失去了全部积蓄之后，整个20世纪30年代他们都在勉强度日。然而，在他们的晚年，即使是那种经历也呈现出一种浪漫的色彩，他们开始回忆邻里互助、共同携手从逆境中生存下来的往事，并将其与在现代社会中所看到的自私行为进行对比。

很久以前，情况并不见得比现在好，战争和种族灭绝事件不断，儿童经常死于传染病，犯罪和贫困普遍存在。总的来说，人类在历史的任何时期都没有变得更善良。

当我们试图接受我们的过去时，我们把自己的生活视为一个不断觉醒的过程。我们渴望青春时代的舒适和幻想所提供的安全感。我们记得初恋时那令人窒息的迷恋，悔恨于我们的错误所带来的困难局面，以

27. 已经失去的才是真正的天堂

及放弃正直而做出的妥协，后悔没有选择走某些路。随着身体和精神越来越虚弱，不完美的生活累积起来的负担令人越来越难以承受。我们对过去的渴望是由年轻时的选择性记忆所激发的。

几年前，我去参加一个同事的葬礼。他是一个令人钦佩的人，体谅他人，还是个好医生。一位发言的人回忆他"极具幽默感"。我转向坐在我旁边的一个朋友，问道："约翰有幽默感吗？"如果有的话，在我认识他的这些年里，我并没有发现任何证据表明他有幽默感，我想知道这种令人向往的品质，是否可以像阵亡士兵的勋章一样，在死后授予他。

每当我去参加我熟悉的人的葬礼时，我都会惊叹于悼词中所描绘的那个人的形象。他们不完美的人性很少能配得上理想化的描述，这些理想化的描述虽然是为了安慰，但只能成功地粉饰死者的生平。充分了解一个人，全然不顾他们的不完美，甚至**明知他们不**

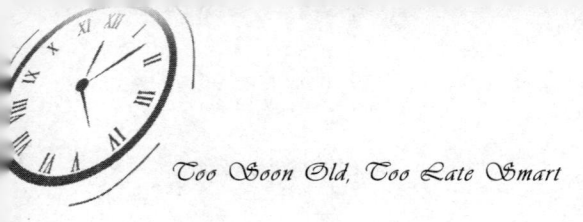

完美，仍然爱他们，这需要懂得赏识和谅解，而这两者正是人类情感成熟的非常重要的指标。更重要的是，如果我们能为别人做到这一点，那么，我们或许也能为自己做到这一点。

易犯错和不确定性是人类的基本特性。我们不断面临的挑战不是在自己和他人身上寻求完美，而是在一个不完美的世界里找到快乐的方法。如果我们执着于对过去的理想化而导致对现在的不满，那么我们的努力就会受到阻碍。

记忆并不像我们想的那样，是对过去经历的准确记录。相反，它是我们给自己讲述的过去的故事，充满了曲解、一厢情愿，还包括那些未实现的梦想。任何参加过高中或大学同学聚会的人，都能证明记忆的选择性和可变性。人们对共同事件的回忆怎么会如此不同呢？答案是，记忆的内容和方式会受到事件对个人意义的影响，也与我们构建连贯性叙事的努力密不可分，这些都反映了我们对自己的看法，以及如何成为现在的或希望中的自己。

人们在与兄弟姐妹交谈时，常常惊讶于他们对自己成长的不同回忆。即使是在同一所房子里，由共同的父母抚养长大的人，对他们所经历之事的回忆也往往截然不同。一个人会记得被虐待，而另一个人会否认。这些不同的记忆会导致很多沮丧和怨恨，这些记忆往往仅仅源于人们对自己现在的不同看法，因此，他们对自己是如何走到今天的会有不同的叙述。

我们不愿意修改自己的个人谬误，冷淡或有虐待倾向的父亲、控制欲强的母亲、婚姻的不幸和分离，都包括在内。我们已经接受了这样一种观念，即**我们的命运是由我们的童年经历塑造的**。有一张海报上画着一个挤满了人的礼堂，背景上有一条横幅，上面写着："正常家庭的成年儿童们。"

相反，我也听说过理想化的教育方式，听起来像

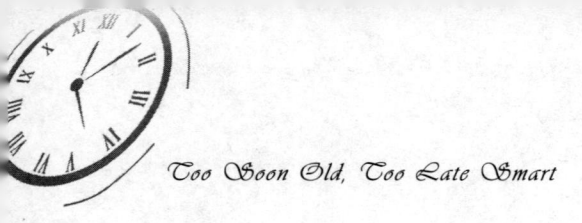

《反斗小宝贝》[1]的重播。在这些过去的版本中，父母是充满爱和体贴的，几乎没有对彼此或他们的孩子红过脸。作为专业人士，我对这些故事的怀疑常常会遭到怨恨，就好像我在偷值钱的东西。

其他很糟糕的亲密关系，也是让我们变得谨慎或互不信任的原因，影响着我们再次冒险的能力。也许，更具破坏性的是对"那个离开的人"的记忆。过往总有一个人，我们回忆起他时充满着渴望和遗憾，我们将他与后来的所有人进行反向比较，这是很常见的。这个人可能是父母、初恋，也可能是已经不在身边的朋友。他们的"完美"，就像葬礼上的悼词一样。这是一种**选择性的记忆**，无法再通过日常接触来检验。他们存在于某种令人分心的梦境中，这是现实生活中的人无法比拟的。

---

[1]《反斗小宝贝》(*Leave It to Beaver*)，1997年上映的一部经典美国家庭情景喜剧，讲述了在一个典型的中产家庭中，天真活泼的小男孩比弗的成长经历以及与家人、朋友间的日常趣事。

我们对"过去"的渴望分散了我们从"现在"获取快乐和意义的努力。怀旧还向那些没有分享我们金色年华的人传递了一个信息：他们所居住的世界是劣等的，而且越来越糟。随着我们自身力量的下降，我们越来越需要别人的善意和关注，但我们似乎发出了错误的信号。

年轻人常常带着义务、蔑视和恐惧的眼光看待老人。他们问自己，这就是我期待的吗？我会不会变得满腹牢骚，并不断回忆起更早、更美好的时光？如果不经历伴随老去而来的抑郁，我们就很难接受死亡。**"好消息是，人类的预期寿命正在延长；而坏消息是，额外的寿命被加在了生命的最后几年。"**

遇到一个故人，我们却发现他与记忆中的那个人并不相符，谁没有过这样的经历呢？现实并非如此，只是人随着时间而改变了。当我们参观儿时的家时，我们通常会惊讶于它看起来小了很多。当然，**变大的**

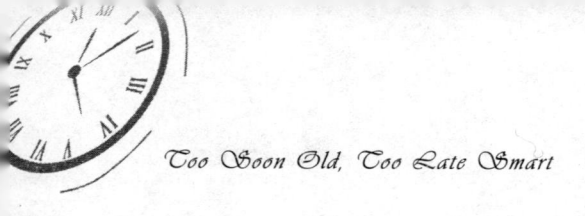

其实是我们自己。

当拉塞尔·贝克[①]第一次提交自己的青年回忆录《成长》时,他被出版商以无趣为由退稿。随后,他对妻子说:"我要上楼去编造我的人生故事。"结果这本书成了畅销书,而且和上一稿一样真实。在如何阐释我们自己的历史上,我们每个人都有相似的观点。我们有能力理想化或诋毁那些生活故事中的角色。我们只需将这两种选择视为当前我们需要以某种方式看待自己的反映,并意识到我们都能把过去描述成快乐的或悲伤的。

如果缺乏清晰地看待过去的能力,那么我们就只能承认,坚持过去充满浪漫色彩只是另一种破坏当下的方式。当我们年事已高,意识到人生完美或完全幸福的可能性很小时,我们可以选择接受和享受自己所创造的生活。或者,我们会渴求**一段更简单的时光**,

---

[①] 拉塞尔·贝克(Russell Baker),美国著名记者和专栏作家。

那时一切似乎都有可能，心怀希望能战胜一切。即使时间和机遇的限制将我们压垮，我们也渴望重拾这种天真乐观的状态。

我们没有选择的人生之路令人唏嘘，尤其是那些错过的完美爱情。随着年龄的增长，我们的身体背叛了我们，我们的观点也变得僵化，变成了难以撼动的偏见。从这个不令人羡慕的位置，我们回顾年轻时的极乐世界，那时的我们踌躇满志，对未来充满信心。我们希望重拾的正是这种状态，而记忆竟然会成为当下的诅咒，这让我们感到困惑。

那么，当我们的生命日薄西山时，如何才能最好地恢复希望呢？我们可以指望宗教所承诺的永生使我们与失去的人再次相聚；或者，我们可以屈服于可怜的不可知论，向未知的世界投降，同时试图在生生不息中寻找意义：生与死，梦想与绝望，以及那未得到回应的令人心碎的神秘。

28. 笑得出来是勇气的最高境界

尽管我们对矛盾心理的概念表示认可,但人们很难同时处理两种情绪。例如,缓解焦虑的标准行为之一是深度肌肉放松。但当焦虑的人学习放松骨骼肌,却发现自己习惯性地出汗、心跳加快、换气过度,甚至窒息时,他们反而会感到更加恐慌。

问问那些深陷抑郁的人上一次放声大笑是什么时

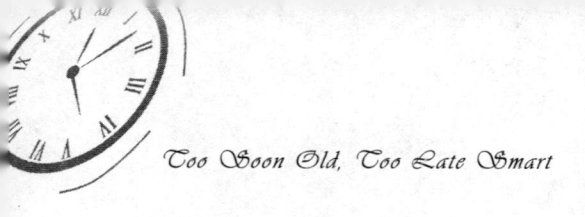

候，这很能说明问题。更有用的方法是让病人的家属试着回忆他们最后一次看到病人笑是什么时候。我习惯了听到从几个月到几年不等的答案。

那又怎样？笑在我们的生活中有什么重要的呢？有些人认为幽默只是严肃生活中的一个小插曲，而不是幸福生活的一个重要组成部分和标志。即使在人们沮丧的时候，如果你问他们是否具有幽默感，答案也几乎是一致的："有。"（人们也普遍认为自己开车的技术很好，尽管有充足的证据表明情况恰恰相反。）如果有人声称自己很有幽默感，但看起来特别严肃，我有时会让他给我讲个笑话。我知道，对许多人来说，这是一个不公平的要求，因为我们对感到有趣的事情的注意力和记忆力是变幻莫测的。很多人对此不知所措。于是，我给他们讲了个笑话，比如英国某网站通过投票选出的"世界上最好笑的故事"：

28. 笑得出来是勇气的最高境界

两个新泽西猎人正穿过树林。突然,其中一个倒下了,没有了呼吸。另一个人掏出手机,拨打了911。"我的朋友死了!"他告诉接线员。接线员说:"别紧张,我可以帮你。首先你得确认他已经死了。"沉默了一会儿,接线员听到了枪声,报案的人回来了:"好吧,现在要做什么?"

人们的反应各不相同。许多人不习惯发现任何有趣的东西,以至于他们失去了获得惊喜的能力,而惊喜正是幽默的本质。当然,另一些人只是没有准备好接受精神科医生可能会逗他们开心的做法。有时,我会给那些看起来毫无幽默感的人布置家庭作业,要求他们在下次见面前想出一个有趣的故事。

当人们面对绝望和焦虑的严重问题时,所有这些似乎都是微不足道的。但是,幽默在我们生活中的力量在于,笑的能力是我们区别于其他动物的两个特征

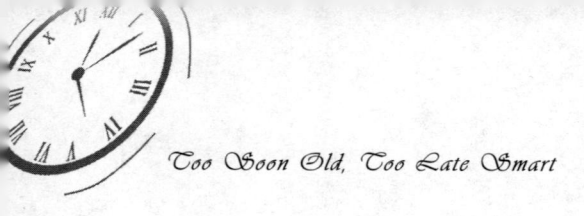

之一。另一个，据我们所知，是思考死亡的能力。这两种独特的人类属性之间有一种联系，能够直抵生命伟大悖论的核心：**我们有可能在面对死亡时感到快乐**。这不仅是因为我们能够应用积极的心理防御机制。所有的幽默在某种程度上都是针对人类自身状况的。自嘲就是承认我们逃避时间掠夺的努力最终都是徒劳的。就像新泽西的猎人一样，我们被无法控制的力量所操控，这通常包括我们自己的愚蠢。然而，我们仍不放弃。

能够充分体验到频繁出现在生活中的悲伤和荒诞，并仍能找到继续活下去的理由，这是一种勇气的表现，这种勇气源于我们爱与笑的能力。最重要的是，在面对关乎生存的重大问题时，我们必然会感受到不确定性；而要忍受它，就需要我们培养一种体验快乐的能力。从这个意义上讲，所有的幽默都是"绞刑架式的幽默"，是面对死亡的笑声。

28. 笑得出来是勇气的最高境界

有充分的证据表明,幽默能疗伤。诺曼·考辛斯[1]专门写了一本书,讲述自己用马克思兄弟[2]的老电影治愈一种令人衰弱的未确诊疾病的经历。笑所带来的体内化学变化有益健康,这是有道理的。乐观主义有益身心已经得到了很好的证明,笑的益处是其中的一部分。思想和身体的相互作用是所有相关理论的核心,即我们如何通过思考和感受那些困扰我们的事情来影响康复效果。早在现代医学出现之前,各种各样的信仰治疗师就通过调动人们的积极性来对抗疾病。这种方法的有效性是毋庸置疑的。人们不断前往卢尔德[3],石窟外成堆的拐杖和轮椅证明了信仰的力量。

---

[1] 诺曼·考辛斯(Norman Cousins),美国政治记者、作家、教授、世界和平倡导者。
[2] 马克思兄弟(Marx Brothers)是与卓别林同期的美国喜剧团体,五兄弟擅以幽默、犀利的对话和混乱的喜剧场景表现荒诞不经的内容。
[3] 卢尔德(Lourdes)位于法国南部,因圣母玛利亚曾出现在此并用泉水治愈疾病而闻名。

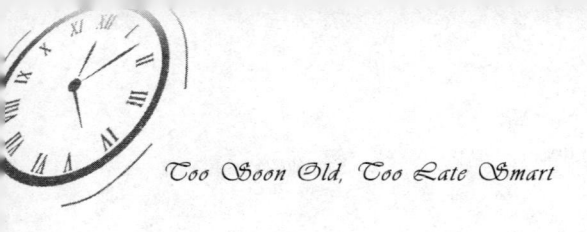

当然，你在那里看不到假肢，再怎么神奇的"奇迹"也有局限性。正在发生的似乎是，受苦的人坚信上帝必使他们痊愈，他们的病痛得到了加速治愈。这样的结果已经足够称为奇迹了。

幽默也是一种分享形式，一种人际交往。分享笑声是一种肯定我们都在一条救生船上的方式。大海包围着我们，救援未定，生死未卜，我们仍然同舟共济。

我最近看到一个病人和他妻子在一起。"他再也笑不出来了。"她抱怨道。男人同意道："我的幽默感消失了。"他们最近去旅行，她丢了钱包和信用卡。"我妻子也遇到过同样的情况，"我说，"她的信用卡被盗了。但我没有报案，因为小偷花的钱比她少。"男人笑了。而当我给妻子讲这个故事时，她并没有笑。

悲观主义者就像抑郁症患者一样，他们从生命的

28. 笑得出来是勇气的最高境界

角度看待人生的结论是对的。没人能活着离开这里。但是悲观主义就像任何一种态度一样，包含着大量自我实现的预言。如果我们以怀疑或充满敌意的方式接近他人，他们可能会做出相同的回应，从而证实我们原本就不高的期望。幸运的是，相反的情况也是如此。任何规则都有例外，我们遇到的情况并不总能反映我们的态度。如果说习惯性的乐观主义不能保护我们偶尔免于失望，那么习惯性的悲观主义就是绝望的代名词。

第一次与人见面时，我们通常会面带微笑。当我们这样做的时候，传达的不仅仅是友善。微笑是一种"幽默感良好"的表现，代表着我们认同植根于人性中的幽默：**事情可能很严重，但不必太严肃。**

29. 选择多多，快乐多多

情绪障碍的显著特征使患者在某种程度上受到了约束。患有抑郁症、焦虑症、双相情感障碍或精神分裂症的人无法在这个世界上自由地生活，他们不得不因疾病而调整自己的行为。

当抑郁时，我们失去能量，无法集中注意力，悲伤的情绪通常会导致我们在以前曾给我们带来过快乐

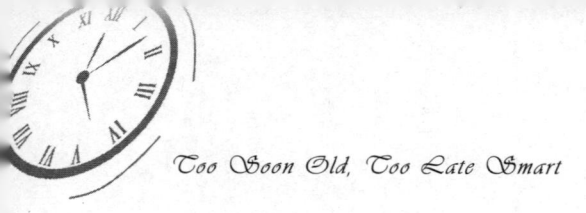

的人和事情面前退缩。我们的工作能力受到损害，在极端情况下，我们会完全失去生活的意愿。同样，过度焦虑通常会导致各种逃避行为，这是在试图减少困扰我们的担忧和紧张。在患有严重的精神疾病，比如躁狂抑郁症或精神分裂症的情况下，我们失去了与现实的联系，这使我们无法自由地融入世界。

我提到的所有这些情况都基于生物学，这就是为什么药物治疗通常是有效的。然而，当病情到了影响我们的社会功能和人际交往时，采取行动进行治疗也很重要。在生活被焦虑束缚的情况下，人们需要鼓起面对恐惧的勇气，不要屈服。这种方法体现了焦虑的基本规律：**逃避只会让情况更糟，对抗则会逐渐改善焦虑。**

以抑郁症为例，需要改变的行为通常包括克服惰性和疲劳，做一些可以预见的让我们感觉更好的事情。但当一个人感到气馁、悲观，认为自己毫无价值时，这确实很难做到。

那些对现实把握不好的人，通常也不会总是这样。对他们来说，改变的挣扎让他们不得不使用药物，以便可以过上正常的生活。当一个人在对付慢性精神疾病时，强有力的家庭支持是必不可少的。我在工作中所学到的关于爱的最深刻的一课是由那些患有阿尔茨海默病、精神分裂症或发育障碍的病人的父母、配偶和孩子教给我的。大多数英雄勋章都会授予那些在特定时刻表现英勇的人，而那些日复一日地照顾病患亲人的人则很少得到认可，但在我看来，他们功不可没。

最近，我参加了一个会议，一位演讲者在谈到慢性疾病的负担时，提到了一个患者组织，他觉得这个组织特别有帮助，他停顿了一下，试图回忆起这个组织的名字，这时一个坐在轮椅上的男人的声音响彻了整个礼堂："还—没—死！""是的，"演讲者回答说，

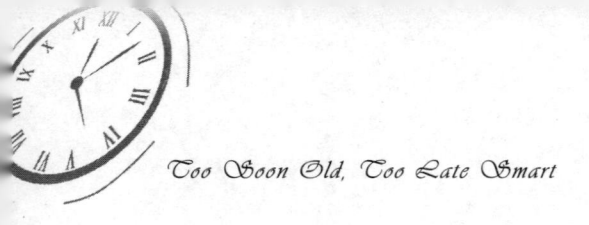

"就是它！"

这样的决心值得我们所有人学习。这不仅仅是因为与负担更重的人相比，我们更加幸运，而是因为每个人生命中都包含着失去。我们如何应对，决定了我们的命运。"慈悲之友"是一个由失去孩子的父母发起的组织。许多失去孩子的人称，祝福者曾对他们说："我不知道你们是怎么过来的，我也不知道自己能不能忍受。"这句本来是恭维的话，却在悲伤的父母中激起了一种苦涩的自嘲。我们还有什么选择呢？难道我们要自己死去，抛弃那些仍然依赖我们的人吗？在很多时候，我们宁愿自己死去也不想失去亲人，但这种解脱已经被剥夺了，我们只能承受这一切，继续战斗。

健康的心理是选择在起作用，我们能选择得越多，就可能越快乐。那些身体最不舒服或最沮丧的人感到他们的选择受到了限制，有时是由于外部环境或疾病，而大多数情况下则出于我们的自我限制。这方面的主要变量是对风险的容忍度。如果我们考虑到自己的恐惧，特别是**对变化的恐惧**，就很难选择一种让我们幸福的生活。那到底是焦虑还是缺乏想象力限制了我们呢？

  无论环境多么令人绝望，我们从来都没有丧失过选择的权利，这也是心理治疗最重要的部分——对人们承受的压力感同身受，决不向绝望屈服，并始终传达一种信念，即一切都没有失去，我们还没死。

30. 原谅是一种放手，但它们不是一回事

生活可以被看作是一系列放弃的过程，我们不断地为我们撒手人寰的最后一幕做彩排。那么，为什么让人们放弃过去就那么难呢？我们的记忆，无论好坏，都具有连贯性，将我们的经历与眼下的自己联系在一起。

我们独一无二的习惯和条件反射合起来就像一个

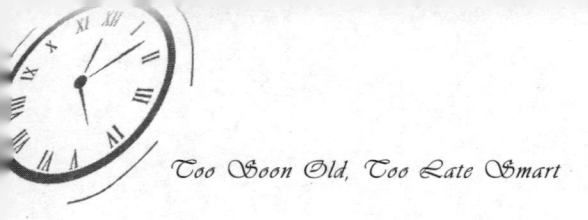

陀螺仪,帮助我们预测生活的各种变化,这对我们自己和那些想要了解我们的人都很有价值。过往的自己可以起到锚的作用,使我们保持稳定,但有时也会阻碍我们适应新环境。

我们中很少有人拥有理想的童年。我们很容易陷入自我定义,用过去的创伤来解释为什么我们的生活并不是我们所希望的那样。活在过去的问题在于,它抑制了改变,因此它本身就是悲观的。

当然,了解我们是谁取决于我们对生活过往的关注。这就是为什么任何有用的心理治疗都要求来访者讲述其过往的故事。在忽略过去和沉溺于过去的中间地带,我们可以从发生在我们身上的事情中学习,包括曾犯下的不可避免的错误,并将这些知识整合到我们对未来的计划中。无法逃避的是,这个过程需要做一些宽恕的练习——也就是说,**放弃一些由于遭到不公正待遇而丧失的我们本该享有的权利。**

30. 原谅是一种放手，但它们不是一回事

宽恕常常与遗忘或和解混淆，其实它两者都不是。它不是我们为别人做的事，而是给自己的礼物。它就像所有真正的治愈一样，与爱与正义密不可分。

承认被别人伤害了，但选择放下怨恨或报复需要我们在情感和道德方面有较高的成熟度。这既是一种将我们从压迫感中解放出来的方式，也是一种对改变能力充满希望的声明。如果我们能够放弃根植于过去的成见和伪解释，我们就可以自由地选择面对现在和未来的态度。这涉及对意识和决心的锻炼，它们是缓解无助感和焦虑感的良药，而这些感觉就是我们大多数烦恼的根源。

当我们思考生活中不可避免的损失时，面对悲伤的方式和对过去经历的解读决定了我们将如何面对未来，而挑战在于，要充满希望。

许多人将希望寄托在宗教上，这是一种极大的安慰，它回答了许多信徒关于人类存在的普遍问题，是

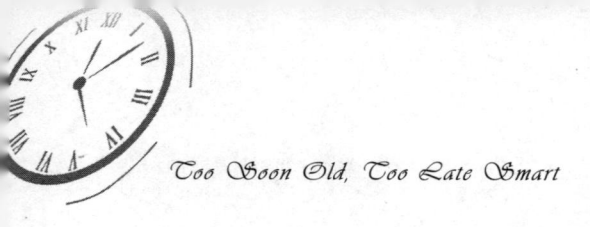

最短的诗:"我,为什么?"

那些像我一样,不能或不愿意放弃怀疑主义的人,对那些重大问题的简单回答持怀疑态度,这会让我们面临与不确定性共存的艰巨任务。这种安慰并不适合我们,我们不应该依赖任何要求人类不断崇拜并给出一系列可以战胜死亡指示的信仰;相反,我们必须努力为人类的生活建立具有意义的基础。

某种形式的宽恕是悲伤的终点。我6岁的儿子死于白血病骨髓移植的并发症。我是骨髓的捐献者。与他的死亡和解——不是接受,不是了解,当然也不是忘记——对建议手术的医生和捐献骨髓的我来说都是一种宽恕。

当我为他的生命祈祷时,这是一种绝望的行为,因为我希望我年轻时信奉的宗教可以拯救我最宝贵的东西。他去世了,一个随机的细胞突变摧毁了他原本完美的身体。我由此深信,任何允许这种事情发生的

30. 原谅是一种放手，但它们不是一回事

至高神灵都不值得我多花片刻的时间去观想。我羡慕那些在这样的丧失中还能保持信仰，甚至还能想象出信仰目的的人。但我不能。即便这样，我仍然希望与我死去的儿子团聚。所以，我到底是一个怎样的不可知论者呢？

我们都背负着被伤害、被拒绝或不公平的回忆。有时，我们怀揣痛苦抓住各种不满不放，导致我们全神贯注于要为那些不幸负责的人或机构。

我们生活在这样一种文化中，被冤枉的感觉无处不在。如果所有的不幸都可以归咎于别人，那么我们就不用费心去检视自己的行为了，或者只是接受生活一直充满逆境的现实就行了。然而，最重要的是，如果认为事事责不在己，我们就错过了治愈的**关键点**，即**发生在我们身上的事情远不如我们采取的态度重要**。

几年前，当我站在滑雪缆车的排队队伍里时，我

213

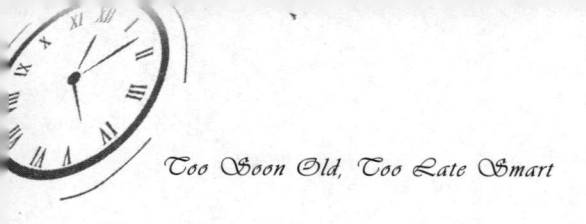

被一辆油门被冻住的无人驾驶雪地摩托撞倒。我受的伤虽然使我暂时失去了行动能力，但它并不是永久性的，我只能把这件事看作生活中不可预知的危险中的一个。我不相信通过法律手段获得赔偿就能解决雪地摩托的安全隐患。滑雪场的经营者向我道了歉，还给了我几张免费的缆车票，事情就这样了了。这次经历让我多了一个谈资，也让我对大型移动物体产生的力量有了新的认识。

想想那些轻视、侮辱、指责，以及没有实现的梦想，它们是每个人生活的一部分。想想我们关系最亲密的人是如何被抱怨和翻旧账的。对我们大多数人来说，抱怨过去被伤害的经历让我们无心关注**现在**需要做些什么才能让自己活得更好。

对许多人来说，过去就像一场无休无止的电影，常常伴随着痛苦，他们却一遍又一遍地为自己回放。那其中包含了所有的解释、所有的痛苦、所有的戏剧

30. 原谅是一种放手，但它们不是一回事

情节，共同造就了我们今天的自己。与其他人的故事相比，它可能在很大程度上是我们想象出来的，但这并不影响我们的注意力。目的是什么呢？我们现在无法改变那些我们希望有所不同的部分，以及那些不公平和伤害。坚持我们的愤怒和不快有什么意义呢？我们还有其他选择吗？

接受我们的过去，是一个宽恕、放手的过程，这是人类所有努力中最简单也最困难的事。它同时是一种意志上屈服的行为。在你付诸行动之前，它往往看起来是不可能的。

作为诱导反思的一种方式，我经常让人们为自己写墓志铭。这种用几句话总结自己人生的练习，不可避免地会让人产生困惑，往往会导致一些幽默而又自我贬低的回应。其中包括"他看了很多杂志。""她慢慢地开始，然后退缩了。""我告诉过你我生病了。""我很高兴结束了。"我鼓励大家更多地思考这

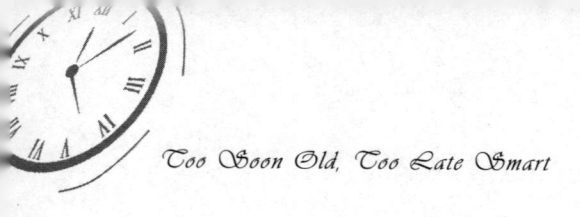

Too Soon Old, Too Late Smart

个问题，人们开始确定他们生活中值得骄傲的那些事，以及他们作为父母、配偶、有信仰的人的角色。

实际上，我认为这项练习应该纳入每一份书面遗嘱。当人们在考虑他们的死亡时，为什么不建议他们加上一段话呢——"我希望我的墓志铭是这样的……"

人们有时会问我，如果是我的话，我会选择什么样的墓志铭。我告诉他们，我喜欢雷蒙德·卡佛[①]的话：

得到此生想要的了吗？

得到了。

你想得到什么？

成为被爱的人，

在地球上感到被爱。

[①] 雷蒙德·卡佛（Raymond Carver），20世纪美国简约主义短篇小说大师，海明威后最具影响力的作家，被誉为"美国的契诃夫"。

译后记

老得太快，聪明得太晚

拿到这本书之前，我并不知道戈登·利文斯顿医生。2023年中，华夏出版社的编辑老师联系我，说有一本书非常适合我翻译，我才有机会第一次看到了戈登医生的书。

我从加拿大留学回国后从事了很多不同行业，2017年成为专业助人者——一名心理咨询师，2019年又以心理师和社工师的专业志愿者身份开始从事安宁缓和医疗（又称姑息治疗和临终关怀）的培训和临床工作。在我所接触的心理咨询和临床个案里，永远离不开焦虑、抑郁、痛苦、悔恨、纠结、病重、哀伤、

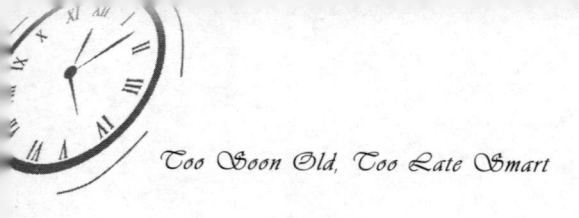

离世、前行……

看完戈登医生的书，我的第一感受就是，我知道他在说什么，也明白了为什么编辑老师说适合我翻译，不仅仅是因为我的心理学背景，更多的是我在末期患者和来访者身上看到过作者所描写的这些硬核的事实。

我曾经在一次央视的采访中说过，每个人的人生都是一本书，都有封面和封底，都是完整的，只是薄厚有区别。而你自己的这本书，你愿意给谁看？我作为一名安宁缓和医疗的从业者，有莫大的幸运看过很多本人生之书。这次，我更是有幸看到了戈登医生的生命智慧之书，他用自己非凡的经历和临床经验总结出来的30个人生真相。

戈登·利文斯顿医生（1938.6.30—2016.3.16）的经历非常丰富，正如书中穿插提到的，学医、参军、授勋、反战、退伍、从医、丧子两次。关于哀伤、丧失、爱和人性，他有足够的资格发表自己的看法。

译后记

这本书是戈登医生创作的四本书中的第二本,也是最畅销的一本。它实际是一个短文集,是高度概括的内容,很多都是一句话写一段,从句套从句。作者的写作风格同样也结合了大量美国社会文化元素,具有年代感且表述复杂。译者有以下几点感受想跟各位读者分享:

第一,正如前序所述,部分读者可能不能完全认同作者的表达。作者有他自己的成长时代和社会背景,他的表达是非常主观的。此外,戈登医生要表达的是血淋淋的现实,并不是提供安慰。就像一个国外书评写的,这本书是扇耳光,而不是拍肩膀。

第二,书中有几处描写让我的心情久久不能平复。第一处是戈登在黑马团公然发布反战祈祷文,这真的是有莫大的勇气才敢做的事。后续我还专门去查了相关资料,看到了一段戈登一个半小时的视频采访,专门谈论这个事情的来龙去脉。希望我们能在意识到一

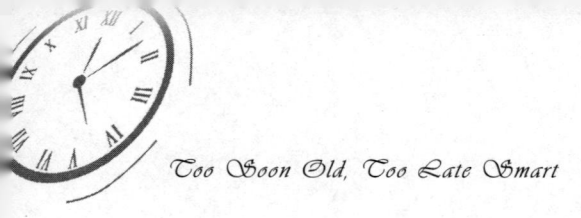

个事情是不对的时候，都有勇气坚持自己，勇敢发声，正如罗翔给政法大学毕业生的赠言：不容然后见君子。第二处是戈登的两个儿子相继去世。我不知道一个人、一个父亲，是如何熬过那段岁月的。作为一个经常应对丧亲哀伤的人，我知道那有多痛，白发人送黑发人更是痛中之痛。我曾陪过一个妈妈，她非常清楚刚毕业的儿子即将不久于世，在哭了两个小时、用光了一包纸巾之后，她说："我知道你为我好，你说得对，但我做不到，太痛了，那是我心上的肉啊！"我更见过一些家长在幼子离世过程中表现出的坚强、成长和超越。我只想说，希望这样的成长经历尽可能少地出现在人间。第三处是戈登在女儿婚礼上的祝酒词。这可以说是让我醍醐灌顶的一句："我们的不完美标志着我们是人类，我们愿意在家人和自己身上容忍它们，以减轻爱让我们变得脆弱的痛苦。"虽然我是一个心理工作者，但一样也有自己的问题。而戈登这句话，一下

译后记

让我理解了亲情乃至于爱是什么。如果有幸见到他，我一定要抱抱这个老先生（只能在另一个世界了）。

因为本书过于"坦诚"和"厚重"，很多时候读起来会使人边叹气边点头，更多时候会停下来思考里面的道理，当然，还有很多时候会让人忍俊不禁。这本书可能并不太符合这个时代的流行需求，大家都在寻找情绪价值，寻找快速反馈和即时刺激。这也是本人一直在反思的，我们应该做点什么，让大家更重视延迟满足和深度思考带来的收获。毕竟，好酒都是需要年份的。而这本书，正是一本沉淀之书，它需要思考，需要理性，需要洞察和真正的爱与慈悲。感谢戈登医生，给我们的人生增加了一点点可能，让我们不用老得太快，聪明得太晚。

最后，非常感谢华夏出版社给了我这次宝贵的机会，碍于本人水平有限，不当之处还望读者批评指正。感谢编辑老师的信任和赏识，让我有了难得的人生共

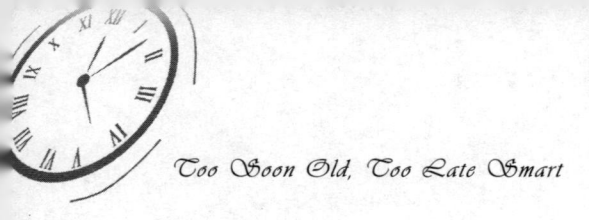

Too Soon Old, Too Late Smart

鸣和学习机会；更要感谢在心理咨询和安宁缓和医疗路上遇到的所有来访者、患者、家属以及师长和小伙伴们，是你们让我在这个年纪就能看懂这本书。

愿世人皆得安宁！

成佳奇

2024 年 4 月于怀柔种花家

戈登·利文斯顿的智慧指引

- 我们的行为才是我们的真实呈现——人如其行。

- 过去的行为是未来行为最可靠的风向标。

- 幸福的三要素是：有事可做，有人可爱，有所期待。

- 当他的需求和欲望的重要性达到或超过我们自己的时，我们就爱上了他。

- 我们是什么样的人、关心谁以及关心什么，不是取

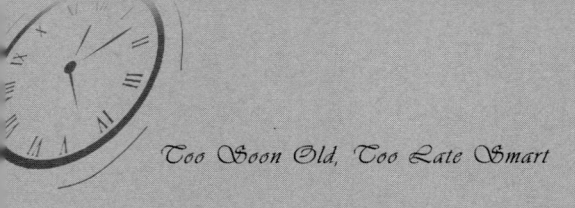

决于我们的承诺，而是要看我们的行动。

- 我们是否会故意伤害所爱的人？我们会对自己做这样的事吗？我们能爱那辆碾过我们的卡车吗？

- 我们对别人的不满往往都会反映我们自己的缺点。

- 在漫长的一天结束后批评一个疲惫的妻子，这是一个可以预见的坏主意。

- 批评会招致愤怒和不快。

- 事实上，我们在这个世界上的运行方式大多是自动驾驶，今天继续做着昨天就行不通的事情。

- 如果不行，那就加倍。

- 为了改变我们自己，我们就必须识别我们的情感需求，并找到满足这些需求的方法，而不是去冒犯那些能让我们幸福的人。

- 事实上，我们的孩子不欠我们什么。

- 某些无知是不可战胜的。

- 变化是生命的本质。

- 我们要对发生在我们身上的大部分事情负责。

- 只提供同情是错位的善意。

- 我真正在推销的是希望。

- 虽然建立一段关系需要两个人的共同努力，但结束一段关系却只需要一个人。

- 尽管已很努力，但我们仍然无法控制自己的感受或想法。

- 困难是否等同于"不可能"？

- 要求人们勇敢，就是期望他们以一种新的方式看待自己的生活。

- 疾病是一种减轻责任的借口。

- 每个瘾君子都有停止沉溺其中的责任，不能逃避，不能合理化，也不能转嫁给他人。

- 在某些情况下，尤其是在亲密关系中，我们只有放弃完美才能掌控一切。

- 未经审视的人生不值得过。

- 面对新事物时，最重要的问题可能是"为什么不呢"，但人们常常用"为什么"来保护自己避免失望。

- 生活是一场赌博，我们没有机会发牌，但我们有义务尽自己最大的能力去打好这手牌。

- 没有人会认为不摔一跤就能学会滑雪。

- 为了实现目标而承担必要的风险是一种勇气。

- 生活中的一切都是好消息，当然也可能是坏消息。

- 只有拥抱死亡，我们才能在拥有的时间里获得快乐。

- 在做任何事情之前，我们必须先去想象它。

- 所有营销宣传都给我们营造出这样的一种假象：幸福可以用钱买到。

- 忏悔可能确实对灵魂有益，但除非伴随着行为的改变，否则只是空谈。

- 为人父母是一种自愿的承诺。

- 向年轻人传递乐观精神是为人父母最重要的任务。

- 我们坚信可以在失去和不确定中获得幸福。

- 想要快乐，就要承担失去快乐的风险。

- 重要的不是发生了什么，而是我们如何定义此事并对此作出何种反应，这决定了我们的感受。

- 诸如"我们不让矛盾过夜"或"凡事适度"之类的

陈词滥调所传达的哲理更多的是为了生存而不是为了享乐。

- 耐心和决心是人类最重要的美德。

- 我们逐渐变成了没有耐心的人。

- 建设的过程，从来都比毁灭的过程更缓慢、更复杂。

- 跟保护生命相比，杀人是一项如此简单的工作。

- 定义我们的是行为，而不是我们用作理由的借口。

- 浪漫的爱情和迷恋之间的界限往往很模糊，关键的区别在于，迷恋的执念往往只单独存在于一个人身上。

- 爱情之所以有力量，是因为它可以被分享。

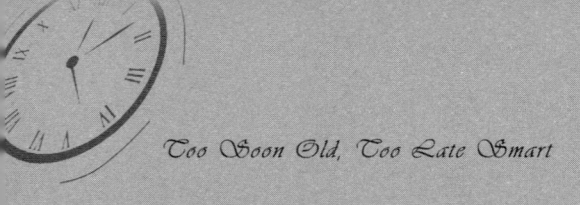

- 学习的过程与其说是积累答案，不如说是弄清楚如何提出正确的问题。

- 几乎人类的每一个行为都在某种程度上表达了我们对自己的看法。

- 怀疑的核心是不信任。

- 大多数人对幸福的期望值都很低。

- 孩子们对生活的大部分了解都来自父母的言传身教。

- 重复性行为会导致可预测的结果。

- 既然你现在做的不管用，那么为什么不试试其他方法呢？

- 如果我不能爱他，那么我希望能带给他平静。

- 承诺只有在给出时最美。

- 真相可能不会让我们自由，但为了暂时的心里舒服而欺骗自己则愚蠢至极。

- 你没有办法绕过它，你必须经历它。

- 太多时候，在我们努力成为好老师的过程中，我们传递的全是我们的焦虑、不确定和对失败的恐惧。

- 在一个不确定的世界里，是有可能快乐的。

- 每个人都要对他在永无止境地追求幸福的过程中所做的选择负责。

- 我们都承担着不可避免的不确定性和风险。

Too Soon Old, Too Late Smart

- 再多的钱也不能（或不应该）弥补我们共同命运中不可预知的痛苦。

- 恐惧和欲望是同一枚硬币的两面。

- 我们所做的很多事情都受到对失败恐惧的驱使。

- 没有什么欲望比追求幸福和争取自尊更强烈了。

- 不要因为对未来的恐惧或对过去的悔恨而失去当下的快乐。

- 我们把孩子自己取得的成就归为己有。

- 孩子的成功或失败主要取决于他们对生活所做的决定，不管这些决定是好的还是坏的。

- 育儿的成功并不取决于父母绝对正确或通晓一切。

- 这个世界并不完美，但我们依然可以感受到快乐。

- 身教远大于言传。

- 减少争吵、不试图控制孩子的决定，可能会让每个人都更快乐。

- 我们的命运是由我们的童年经历塑造的。

- 我们对"过去"的渴望分散了我们从"现在"获取快乐和意义的努力。

- 好消息是，人类的预期寿命正在延长；而坏消息是，额外的寿命被加在了生命的最后几年。

- 一切似乎都有可能，心怀希望能战胜一切。

- 我们有可能在面对死亡时感到快乐。

- 事情可能很严重,但不必太严肃。

- 逃避只会让情况更糟,对抗则会逐渐改善焦虑。

- 无论环境多么令人绝望,我们从来都没有丧失过选择的权利。

- 我们不得不放弃一些由于遭到不公正待遇而丧失的我们本该享有的权利。

- 发生在我们身上的事情远不如我们采取的态度重要。